くらべてわかる
貝殻

文―**黒住耐二**　写真―**大作晃一**

山と溪谷社

目　次

第1章
巻貝類（腹足綱） ………………………… 9

コラム

本書の使い方

本書では、本州から九州の海岸に打ち上げられる貝殻を中心に、食用の販売種や沖縄などに分布する種、深海性の種なども加えた約650種を掲載しています。よく見かけられる貝殻を中心に、巻貝類（腹足綱）、二枚貝類（二枚貝綱）、ツノガイ類（掘足綱）の三章に分けて紹介しています。同じ分類のものや近い分類のものを見開きに登場させることで、外見が似ている種を見比べて違いがわかるようにしています。また、ページ内で写真倍率を合わせており、似ている種同士の大きさをわかりすく比較できるようにしています。

ツメ

貝の大きな分類である綱名。腹足綱（巻貝）、二枚貝綱（二枚貝）、掘足綱（ツノガイ）で分類

種の和名と学名

一般的に使われる貝の和名と学名

別名・異名

貝の別名や異名を表記しました

引き出し説明

その貝の特徴や、他の種と見分けるための区別点を表記しました

ページ内番号

引き出し説明でページ内の他の貝と特徴を比較するときに使う番号

大きさ

巻貝は殻高や殻径、二枚貝とツノガイは殻長で、一般的な貝の大きさを表記しました

分布域

日本国内での分布域を表記しました

生息環境

貝の生息環境を「内湾－外海・生息水深・底質」などで表記しました

出現頻度

貝の多さを「稀・やや稀・少産・やや少産・普通・多産」で表しました

標本産地・状態

写真の標本産地を表記。本来の分布域外で入手したものは［分布域＜標本産地＞］という形で表記しました。幼貝や磨滅個体など、標本の状態について併記している場合もあります

見出し・科名

そのページに掲載している貝の科名を見出しにしました

ページ内倍率

そのページに掲載している写真の原寸に対しての倍率を表示

解説

その貝の解説をひとことで紹介

種倍率

ページ内倍率と写真の倍率が異なる種は、別に倍率を表記しました

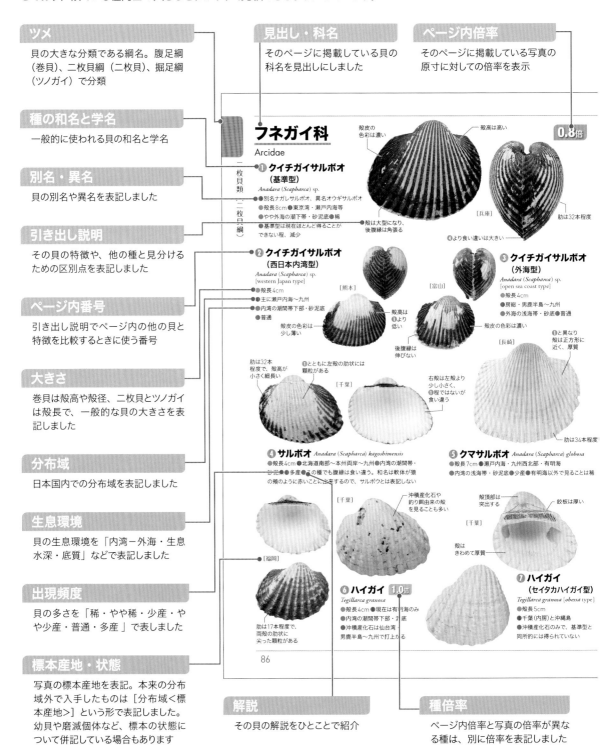

分類指南

成長・親子

貝の同定が簡単でない大きな要因は、親（成貝）と子供（幼貝：ごく小さな幼貝を稚貝とも呼びますが、通常、稚貝は使いません）が同時に得られることです。幼貝と成貝では姿が大きく変わらない場合もありますが、クモガイなど大きく変わる場合もあり、分類を難しくしています。本書では基本的に成貝を図示していますが、幼貝と成貝で形が大きく変わる種は幼貝も図示しています。

巻貝では、成貝になると殻口が厚くなる種が多く、殻口を観察することでその種が幼貝なのか成貝なのかを見分ける一つのポイントとなります。

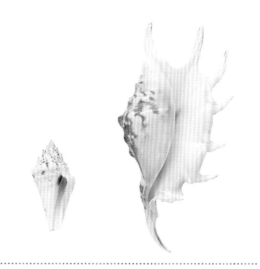

個体差・地域差

貝の同定が難しい要因の一つとして、イボキサゴのように同種でも色彩に個体差があることが挙げられます。色彩や棘の有無などが個体差だけでなく、地域ごとに、あるいは生息水深で異なる場合もあります。一方で、それらが種の区別点となることもあります。本書では複数個体の写真を掲載していますが、個体差を網羅するには至りません。色彩だけの絵合わせだけではなく、解説などを参考に貝殻の特徴を"くらべて"同定を試みてください。

また、本書ではこれまで個体差・地域差と考えられてきましたが、今後の研究で別種等とされる可能性のあるものは「〇〇型」としました。

磨滅・剥離

打上げられた貝殻はすれて磨滅していたり、表面にあった殻皮が剥離していて、同定しづらいのも難点の一つです。また形は同じでも日が経過するとともに色もあせていきます。本書では、種の特徴を分かりやすくするために、比較的良い状態の標本を掲載していますが、いくつかの種ではすれた個体も掲載しています。磨滅した貝殻でも、色彩だけでなく貝殻の特徴を観察していくことで同定につながる場合もあります。できるだけ多くの貝殻を拾って、自分の目で一つひとつ確認し、本書を使って特徴を覚えていくことがすれた個体を同定できるようになる近道です！

用語解説

二枚貝

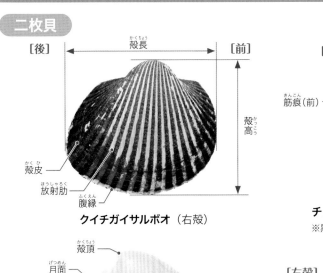

[後] 殻長 [前]
殻高
殻皮
放射肋
腹縁

クイチガイサルボオ（右殻）

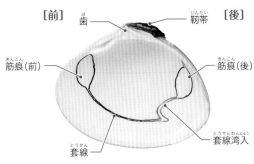

[前] 歯 靱帯 [後]
筋痕（前） 筋痕（後）
套線
套線湾入

チョウセンハマグリ（右殻・内面）
※黒い線は套線などをわかりやすく墨入れしたもの

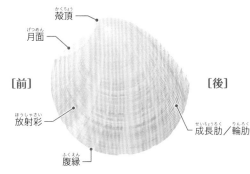

殻頂
月面
[前] [後]
放射彩
成長肋／輪肋
腹縁

ヒナガイ（左殻）

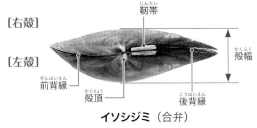

靱帯
[右殻]
殻幅
[左殻]
前背縁
殻頂 後背縁

イソシジミ（合弁）

二枚貝は水管を出す方が後ろで、これを基準に前後左右がわかる。貝殻だけで判断する場合、内面の套線湾入の開いた方が後ろとなる。ハマグリ等では殻頂の傾きでも判別ができ、殻頂を上に向けて貝殻を外側からみたときに、殻頂が左側に傾く場合は左殻。右側に傾く場合は右殻となる

巻貝

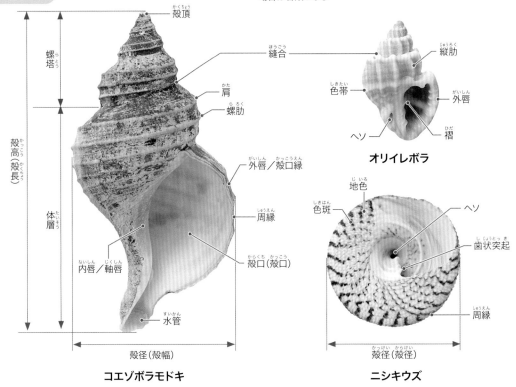

殻頂
縫合
縦肋
螺塔
色帯
肩
外唇
螺肋
ヘソ
褶

オリイレボラ

外唇／殻口縁
周縁
地色
色斑
ヘソ
歯状突起
殻高（殻長）
体層
内唇／軸唇
殻口（殻口）
周縁
水管
殻径（殻幅）
殻径（殻径）

コエゾボラモドキ　　　　　**ニシキウズ**

海域で見られる種の生息帯名称

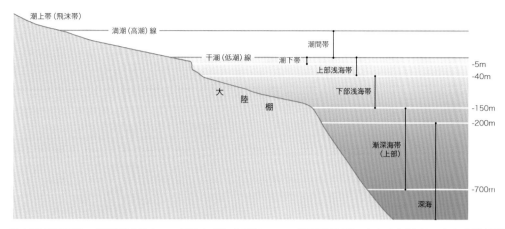

潮上帯 (飛沫帯)：満潮線より上で、飛沫などによる海水の影響がある場所

潮間帯：満潮線から干潮線の間

潮下帯：およそ干潮線から水深5mまで

上部浅海帯：潮下帯を含め、およそ水深40mまで

下部浅海帯：およそ水深40mから大陸棚縁の水深150mまで

漸深海帯：およそ水深150mから水深3,000mまで。上部・中部・下部に区分される

深海：おそよ水深200m以深

彫刻

顆粒状
粒状の小さな凸部のある状態。大きいものは結節

布目状
成長肋と垂直に交わる彫刻が細かな状態

格子目状
縦横の肋が交わる彫刻が粗い状態

その他の用語

カキ礁：本書では、内湾泥底にカキが密集して、岩のようになっている構造としている

隔板：二枚貝のクジャクガイ類等の殻頂内面にある小さな板状の構造。この有無は大きな同定のポイント

鉸板：二枚貝の歯のある部分

臍盤：巻貝のタマガイ類のヘソ孔部分に突出した構造。ツメタガイ類では同定のポイント

縦張肋：巻貝の縦肋のうち、太く他と識別されるもので、過去の外唇でもある。有無や出方は大きなポイントとなる。

穿孔：本来は自ら岩等を削って潜り込むことを示すが、広く他の穴を広げている場合にも用いている

弾帯：主に二枚貝のバカガイ科の歯の間にある茶色〜黒のゴム様のもの。割とすぐに外れる。弾帯の入っていた部分の形が同定のポイント

沖積産化石：約1万年より新しい時代の化石として表記している

内肋：殻の内側にあるスジ状の構造

被板：二枚貝のカモメガイ類の前部にある石灰質の丸い層。活動休止期に形成されるという。属の特徴ではあるが、種の特徴とはならない

別名と異名：本書では、和名のうち著者が同じ貝と考えたものを別名、今後の検討では別種等になる可能性のあるものを異名とした。全く科学的な分け方ではない

藻場：本書では、主に潮下帯にある植物のアマモ等の海草帯として用いている

ヤマト：本書では、およそ関東以西の本州〜九州・大隅諸島までの地域を示す。陸域の暖温帯に近い

螺溝：巻貝の螺旋状の溝。螺肋の間のこともある

螺層：巻貝の巻いている部分を指し、螺塔と同じに使うこともある

稜：肋が尖っている場合の表現

腹足綱　Gastropoda

カサガイ目　Patellogastropoda
ツタノハ科　Patellidae
ヨメガカサ科　Nacellidae
ユキノカサ科（コガモガイ科）　Lottiidae

古腹足目　Vetigastropoda
オキナエビス科　Pleurotomariidae
ミミガイ科　Haliotidae
スカシガイ科　Fissurellidae
リュウテン科（サザエ科）　Turbinidae
パテイラ科（クボガイ科）　Tegulidae
サンショウスガイ科　Colloniidae
サラサバイ科　Phasianellidae
カタベガイ科　Angariidae
ニシキウズ科　Trochidae
サンショウガイモドキ科　Chilodontaidae
エビスガイ科　Calliostomatidae

アマオブネ目　Neritimorpha
アマオブネ科　Neritidae

原始紐舌目　Architaenioglossa
タニシ科　Viviparidae
タニシモドキ科（リンゴガイ科）　Ampullariidae

吸腔目　Sorbeoconcha
オニノツノガイ科　Cerithiidae
ゴマフニナ科　Planaxidae
カワニナ科　Semisulcospiridae
ウミニナ科　Batillariidae
ヘナタリ科（キバウミニナ科・フトヘナタリ科）　Potamididae
キリガイダマシ科　Turritellidae
ミミズガイ科　Siliquariidae
タマキビ科　Littorinidae
クビキレガイ科　Truncatellidae
スズメガイ科　Hipponicidae
スイショウガイ科（ソデボラ科・ソデガイ科）　Strombidae
カリバガサ科　Calyptraeidae
クマサカガイ科　Xenophoridae
ムカデガイ科　Vermetidae
シロネズミ科　Vanikoridae
タカラガイ科　Cypraeidae
ウミウサギ科　Ovulidae
シラタマ科（ザクロガイ科）　Triviidae
タマガイ科　Naticidae
オキニシ科　Bursidae
トウカムリ科　Cassidae
ビワガイ科　Ficidae
ヤツシロガイ科　Tonnidae
フジツガイ科（アヤボラ科）　Ranellidae
ミツクチキリオレ科　Triphoridae
イトカケガイ科　Epitoniidae
アサガオガイ科　Janthinidae
アッキガイ科　Muricidae
テングニシ科（カンムリボラ科）　Melongenidae
エゾバイ科　Buccinidae
フトコロガイ科（タモトガイ科）　Columbellidae

オリイレヨフバイ科（ムシロガイ科）　Nassariidae
イトマキボラ科　Fasciolariidae
ショッコウラ科（ショクコウラ科）　Harpidae
フデガイ科　Mitridae
ミノムシガイ科（ツクシガイ科）　Costellariidae
バイ科　Babyloniidae
マクラガイ科　Olividae
ヒタチオビ科（ガクブボラ科）　Volutidae
コロモガイ科　Cancellariidae
ツノクダマキ科　Drilliidae
モミジボラ科　Pseudomelatomidae
ツヤシャジク科　Horaiclavidae
クダマキガイ科　Turridae
イモガイ科　Conidae
タケノコガイ科　Terebridae

異旋目　Heterostropha
クルマガイ科　Architectonicidae
トウガタガイ科　Pyramidellidae

後鰓目　Opisthobranchia
キジビキガイ科（オオシイノミガイ科）　Acteonidae
ベニシボリ科　Bullinidae
ミスガイ科　Hydatinidae
マメウラシマ科　Ringiculidae
クダタマガイ科　Cylichnidae
ブドウガイ科　Haminoeidae
ナツメガイ科　Bullidae
カメガイ科　Cavolinidae

有肺目　Pulmonata
オカミミガイ科　Ellobiidae
カラマツガイ科　Siphonariidae
モノアラガイ科　Lymnaeidae
サカマキガイ科　Physidae
キセルガイ科　Clausiliidae
オカクチキレガイ科　Subulinidae
ナンバンマイマイ科（ニッポンマイマイ科）　Camaenidae

掘足綱　Scaphopoda

ツノガイ目　Dentalioida
ツノガイ科（ゾウゲツノガイ科）　Dentaliidae
サケツノガイ科　Fustiariidae

クチキレツノガイ目　Gadilida
ヒゲツノガイ科　Pulsellidae
クチキレツノガイ科　Gadilidae

二枚貝綱　Bivalvia

クルミガイ目　Nuculoida
クルミガイ科　Nuculidae

ロウバイ目　Nuculanoida
ロウバイ科　Nuculanidae

フネガイ目　Arcoida
フネガイ科　Arcidae
サンカクサルボオ科　Noetiidae
シコロエガイ科　Parallelodontidae

オオシラスナガイ科（シラスナガイ科）　Limopsidae
タマキガイ科（ベンケイガイ科）　Glycymerididae

イガイ目　Mytiloida
イガイ科　Mytilidae

ウグイスガイ目　Pterioida
ウグイスガイ科　Pteriidae
シュモクガイ科　Malleidae
シュモクアオリ科（マクガイ科）　Isognomonidae
ハボウキガイ科　Pinnidae

カキ目　Ostreoida
ベッコウガキ科　Gryphaeidae
イタボガキ科　Ostreidae

ミノガイ目　Limoida
ミノガイ科　Limidae

イタヤガイ目　Pectinoida
イタヤガイ科　Pectinidae
ウミギク科　Spondylidae
ネズミノテ科　Plicatulidae
ナミマガシワ科　Anomiidae

イシガイ目　Unionida
イシガイ科　Unionidae

トマヤガイ目　Carditoida
トマヤガイ科　Carditidae
モシオガイ科　Crassatellidae

ウミタケモドキ目　Pholadomyoida
スエモノガイ科　Thraciidae
ソトオリガイ科（オキナガイ科）　Laternulidae
サザナミガイ科　Lyonsiidae

オオノガイ目　Myoida
エゾオオノガイ科（オオノガイ科）　Myidae
コダキガイ科（クチベニガイ科・シコロクチベニ科）　Corbulidae
ニオガイ科　Pholadidae

マルスダレガイ目　Veneroida
キヌマトイガイ科　Hiatellidae
マテガイ科　Solenidae
ミゾガイ科　Siliquidae
ナタマメガイ科　Pharellidae
ツキガイ科　Lucinidae
フタバシラガイ科　Ungulinidae
キクザル科　Chamidae
ウロコガイ科　Galeommatidae
カワホトトギス科　Dreissenidae
ザルガイ科　Cardiidae
シャコガイ科　Tridacnidae
ニッコウガイ科　Tellinidae
アサジガイ科　Semelidae
イソシジミ科（シオサザナミ科）　Psammobiidae
キヌタアゲマキ科　Solecurtidae
フジノハナガイ科　Donacidae
バカガイ科　Mactridae
イソハマグリ科（チドリマスオ科）　Mesodesmatidae
フナガタガイ科　Trapeziidae
イワホリガイ科　Petricolidae
シジミ科　Cyrenidae
マルスダレガイ科　Veneridae

第1章
巻貝類（腹足綱）

ユキノカサ科

Lottiidae

2.0倍

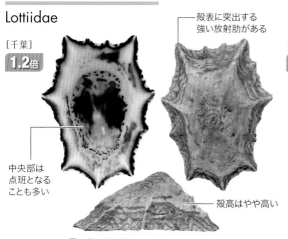

殻表に突出する強い放射肋がある

［千葉］ **1.2倍**

中央部は点班となることも多い

殻高はやや高い

① ウノアシ *Patelloida lanx*
●殻長2cm●北海道南西部〜本州両岸〜九州
●潮間帯中部・岩礁●普通

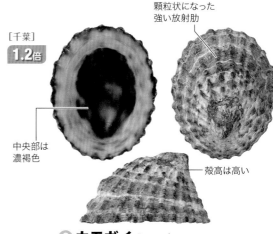

顆粒状になった強い放射肋

［千葉］ **1.2倍**

中央部は濃褐色

殻高は高い

② カモガイ *Lottia dorsuosa*
●殻長2cm●北海道〜本州両岸〜沖縄
●外海の潮上帯・岩礁●やや少産

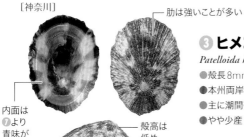

［神奈川］

肋は強いことが多い

内面は❼より青味がかかる

殻高は低め

③ ヒメコザラ
Patelloida heroldi
●殻長8mm
●本州両岸（三陸を除く）〜九州
●主に潮間帯中部・岩礁
●やや少産

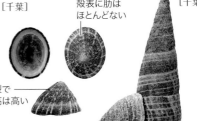

ホソウミニナ上の生息状態

［千葉］ 殻表に肋はほとんどない ［千葉］

小型で殻高は高い

⑤ ツボミ
Patelloida conulus
●殻長5mm●仙台湾・男鹿半島〜九州
●内湾の潮間帯中部・ウミニナ上●やや少産

［佐賀］ 幅広い放射彩のことが多い

殻高は少し高め

放射肋は❸より弱くまばらであることが多い

④ シボリガイ
Patelloida pygmaea
●殻長8mm
●仙台湾・男鹿半島〜九州
●内湾の潮間帯中部・マガキなどの上●やや少産

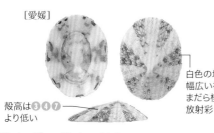

［愛媛］

殻高は❸❹❼より低い

白色の地色に幅広い褐色のまだら模様の放射彩

⑥ シボリガイモドキ *Patelloida signatoides*
●殻長10mm●房総・男鹿半島〜沖縄、小笠原
●外海の潮下帯岩礁●普通

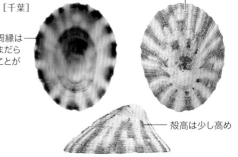

肋は明らかだが❸よりやや弱い

［千葉］

内面の周縁は細かなまだら模様のことが多い

殻高は少し高め

⑦ コガモガイ *Lottia kogamogai*
●殻長8mm●福島・石川（瀬戸内海を除く）〜九州
●外海の潮間帯・岩礁●普通●東北地方以北に分布しているものは別種の*goshimai*となった

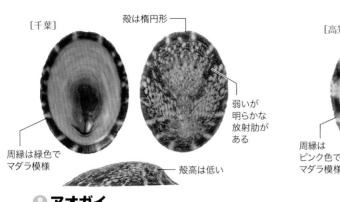

［千葉］

殻は楕円形

弱いが明らかな放射肋がある

周縁は緑色でマダラ模様

殻高は低い

❽ アオガイ
Nipponacmea schrenckii
●殻長2cm ●北海道南部〜本州両岸〜九州
●潮間帯下部・転石下 ●やや少産

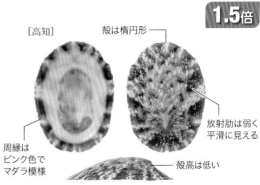

［高知］

殻は楕円形

放射肋は弱く平滑に見える

周縁はピンク色でマダラ模様

殻高は低い

❾ サクラアオガイ
Nipponacmea gloriosa
●殻長2cm ●房総・男鹿半島〜九州
●潮間帯下部・転石下 ●やや少産

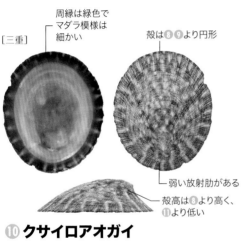

［三重］

周縁は緑色でマダラ模様は細かい

殻は❽❾より円形

弱い放射肋がある

殻高は❽より高く、⓫より低い

❿ クサイロアオガイ
Nipponacmea fuscoviridis
●殻長2cm ●北海道南部〜本州両岸（瀬戸内海を除く）〜九州 ●潮間帯中部・岩礁 ●普通

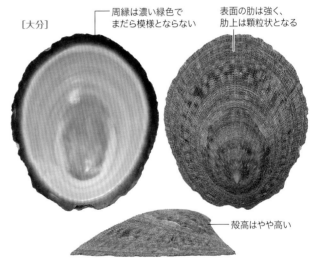

［大分］

周縁は濃い緑色でまだら模様とならない

表面の肋は強く、肋上は顆粒状となる

殻高はやや高い

⓫ コウダカアオガイ
Nipponacmea concinna
●殻長2.5cm ●北海道南部〜本州両岸〜九州
●潮間帯中部・岩礁 ●普通

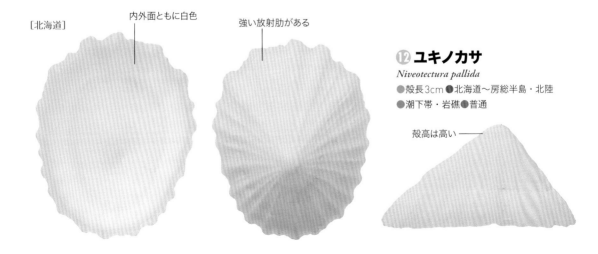

［北海道］

内外面ともに白色

強い放射肋がある

⓬ ユキノカサ
Niveotectura pallida
●殻長3cm ●北海道〜房総半島・北陸
●潮下帯・岩礁 ●普通

殻高は高い

ヨメガカサ科

Nacellidae

1.0倍

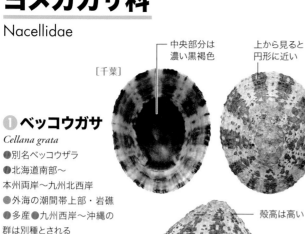

[千葉]

中央部分は濃い黒褐色

上から見ると円形に近い

❶ ベッコウガサ
Cellana grata
●別名ベッコウザラ
●北海道南部〜本州両岸〜九州北西岸
●外海の潮間帯上部・岩礁
●多産●九州西岸〜沖縄の群は別種とされる

殻高は高い

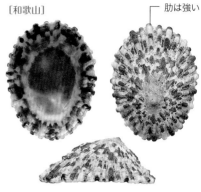

[和歌山]

肋は強い

❷ ベッコウガサ（強放射肋型）
Cellana grata [strong rib type]
●肋の強い型はアミガサガイとも呼ばれる

❸ ヨメガカサ
Cellana toreuma
●殻長3cm
●北海道南部〜本州両岸〜沖縄
●潮間帯中下部・岩礁・転石下
●多産●殻の変異は大きい

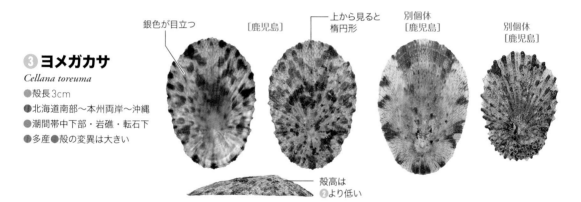

銀色が目立つ

[鹿児島]

上から見ると楕円形

別個体[鹿児島]

別個体[鹿児島]

殻高は❷より低い

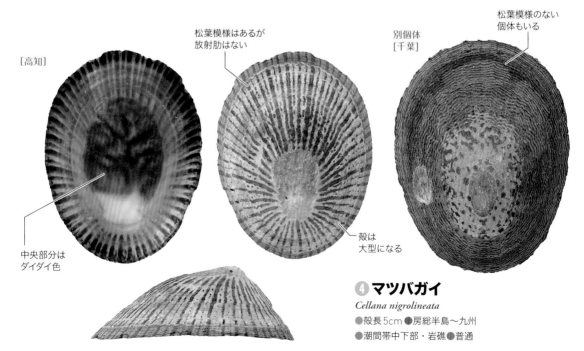

[高知]

松葉模様はあるが放射肋はない

別個体[千葉]

松葉模様のない個体もいる

中央部分はダイダイ色

殻は大型になる

❹ マツバガイ
Cellana nigrolineata
●殻長5cm●房総半島〜九州
●潮間帯中下部・岩礁●普通

ツタノハ科
Patellidae

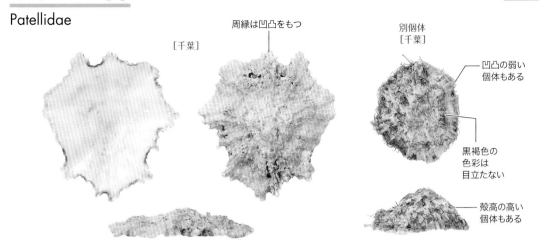

［千葉］

周縁は凹凸をもつ

別個体
［千葉］

凹凸の弱い
個体もある

黒褐色の
色彩は
目立たない

殻高の高い
個体もある

⑤ ツタノハ *Scutellastra flexuosa*
●殻長3cm●房総・男鹿半島〜九州●外海の潮下帯・岩礁●普通

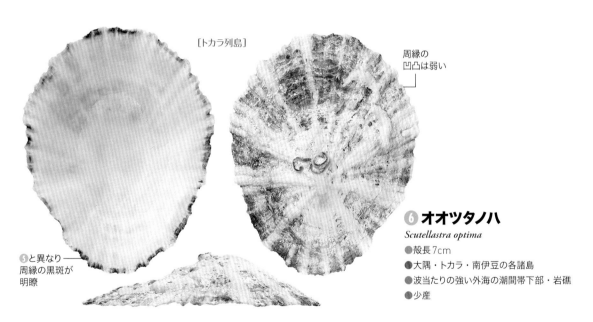

［トカラ列島］

周縁の
凹凸は弱い

⑥ オオツタノハ
Scutellastra optima
●殻長7cm
●大隅・トカラ・南伊豆の各諸島
●波当たりの強い外海の潮間帯下部・岩礁
●少産

⑤と異なり
周縁の黒斑が
明瞭

カラマツガイ科

Siphonariidae

内面は黒褐色で
肋は白色

［千葉］
1.5倍

肋は強く少数

対になった
太い肋がある

［千葉］
1.5倍

内面は
チョコレート色で
周縁は白色

❼ カラマツガイ
Siphonaria japonica
●殻長15mm
●北海道南西部〜本州
両岸〜九州
●潮間帯中部●多産

肋は
細くて
多い

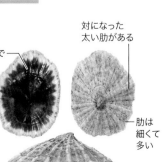

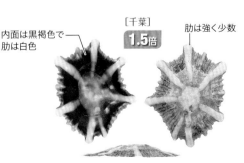

❽ キクノハナガイ *Siphonaria sirius*
●殻長15mm●三陸南部・男鹿半島〜九州
●潮間帯中下部●普通

※カラマツガイの仲間はカサガイの仲間と殻の形は似ているが、系統的には全く異なる

スカシガイ科

Fissurellidae

2.0倍

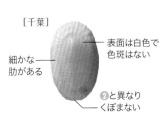

[千葉]

細かな肋がある ——
表面は白色で色斑はない ——
❷と異なりくぼまない ——

❶ シロスソカケガイ

Tugali decussata

●殻長 10mm
●北海道南部〜本州両岸〜九州
●潮下帯・岩礫底●普通

[千葉]

殻は平たく表面に肋はない ——

浅いくぼみがある

❷ オトメガサ

Scutus sinensis

●殻長3cm ●北海道南西部〜日本海側・房総半島〜沖縄
●潮間帯下部〜潮下帯・岩礫底●普通

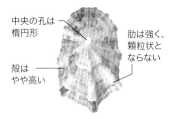

[神奈川]

中央の孔は楕円形 ——
肋は強く、顆粒状とならない ——
殻はやや高い ——

❸ クズヤガイ

Diodora sieboldii

●殻長2cm
●房総半島・佐渡島〜沖縄
●潮下帯・岩礁●やや少産

[千葉]

殻は小判型で大型になる ——
孔は楕円形 ——
肋はやや弱く、顆粒も弱い ——

❹ オオツカテンガイ

Diodora suprapunicea

●異名アワテンガイ●殻長3cm
●茨城・山口〜九州
●潮下帯・岩礫底●やや稀

[神奈川]

くぼみは長い ——
❽よりこの部分が長い ——

❺ スカシガイ

Macroschisma sinense

●殻長2cm●岩手・男鹿半島〜九州
●潮下帯・岩礫底●やや少産

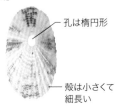

[神奈川]

孔は楕円形 ——
殻は小さくて細長い ——

❻ アサテンガイ

Diodora mus

●殻長12mm●茨城〜沖縄
●潮下帯・岩礫底●やや少産

[神奈川]

❸❹❺と異なり孔はカギ穴形 ——
色彩はカラフル ——
肋は顆粒状で強い ——

❼ テンガイ

Diodora quadriradiata

●殻長15mm
●茨城・能登半島〜沖縄
●潮下帯・岩礫底●普通

[神奈川]

くぼみは短い ——
❺よりこの部分が短い ——

❽ ヒラスカシガイ

Macroschisma dilatatum

●殻長15mm●岩手・男鹿半島〜九州
●潮下帯・岩礫底●普通

[千葉] **2.0倍**

表面は細かい布目状

狭い切れ込みがある

⑨ スソキレガイ
Emarginula crassicostata
●殻長10mm ●茨城・山形～九州
●潮下帯・岩礁底 ●やや稀

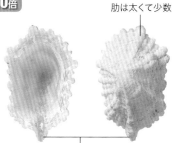

[和歌山] **2.0倍**

肋は太くて少数

切れ込みのかわりに突出した肋がある

0.7倍

⑩ チドリガサ
Montfortista oldhamiana
●殻長15mm
●房総半島・山形～沖縄
●潮下帯・岩礁底 ●やや少産

オキナエビス科
Pleurotomariidae

[千葉]

肋はやや粗い

切れ込みは短い

⑪ オキナエビス
Mikadotrochus beyrichii
●殻高10cm ●房総半島～熊野灘、小笠原
●水深100m程度・岩礁 ●稀

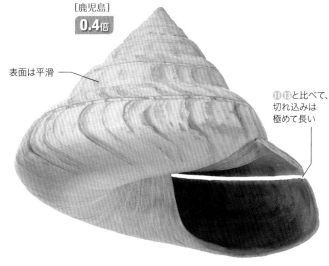

[鹿児島] **0.4倍**

表面は平滑

⑪⑬と比べて、切れ込みは極めて長い

⑫ リュウグウオキナエビス
Entemnotrochus rumphii
●殻径25cm ●高知～沖縄、伊豆諸島・鳥島
●水深200m程度・砂泥底 ●極めて稀

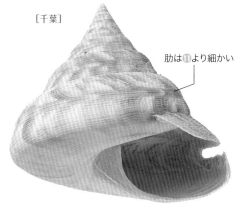

[千葉]

肋は⑪より細かい

⑬ ベニオキナエビス
Mikadotrochus hirasei
●殻径10cm ●房総半島・九州西岸～沖縄
●水深200m程度・砂泥底 ●少産

[千葉]

銀白色で殻は薄い

⑭ アケボノオキナエビス
Bayerotrochus diluculum
●殻径10cm ●房総半島～伊豆諸島
●水深500m程度・岩礁底 ●極めて稀

リュウテン科
Turbinidae

1.0倍

① タツマキサザエ
Turbo (Turbo) reevei
[鹿児島]
- 殻径5cm
- 房総半島〜奄美
- 上部浅海帯・岩礫底
- やや稀

肩部は丸い

フタは白色

内唇の縁はほとんど濃色とならない

[鹿児島
<フィリピン>]

❶より肩部が少し角張る

フタは緑色

内唇の縁は濃く彩られる

② リュウテン
Turbo (Turbo) petholatus
- 殻径5cm●大隅諸島〜沖縄
- 上部浅海帯・岩礫底●少産

[沖縄]

肩部は尖る

③ チョウセンサザエ
Turbo (Marmarostoma) chrysostomus
- 殻径7cm●大隅諸島〜沖縄
- リーフ上・岩礁●普通

フタの表面は顆粒状

太い肋が少数

肩部は丸い

表面は弱い顆粒状

細い肋が密にある

[千葉]

④ コシタカサザエ
Turbo (Marmarostoma) stenogyrus
- 殻高3cm●房総半島・福井〜沖縄
- 潮下帯・岩礁●普通

[千葉]
0.8倍

⑤ サザエ（有棘型）
Turbo (Batillus) sazae
- 殻径7cm
- 北海道南西部〜本州両岸（三陸を除く）〜九州
- 潮下帯・岩礁
- 多産

❹より肋は少なく、強い

[千葉]

❹と異なり中央部はくぼむ

⑥ サザエ（幼貝）

[和歌山]
0.8倍

肋は太く、3〜4本程度

棘がない

棘がある

フタの中央はくぼみ、尖った顆粒で覆われる

⑦ サザエ（無棘型）

[千葉] 結節は弱い　別個体 [千葉]

生時には緑藻で覆われる

ヘソ孔はない

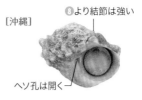

[沖縄] ⑧より結節は強い

ヘソ孔は開く

⑧ **スガイ**
Lunella correensis
●殻径 2.5cm●北海道南部〜本州両岸〜九州●潮間帯・転石下●多産

⑨ **カンギク**
Lunella moniliformis
●殻径 2.5cm●奄美・沖縄
●やや内湾の潮間帯・転石下●多産

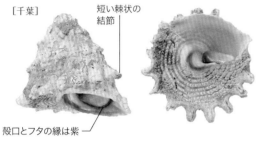

[千葉] 短い棘状の結節

殻口とフタの縁は紫

[和歌山] ⑩より殻高は低い

周縁の棘は細い

⑩ **ウラウズガイ**
Astralium haematragum
●殻高 2.5cm●房総・男鹿半島〜九州
●潮下帯・岩礁●普通

⑪ **カサウラウズ**
Astralium heimburgi
●殻径 2cm●伊豆半島〜大隅諸島
●上部浅海帯・岩礁●やや少産

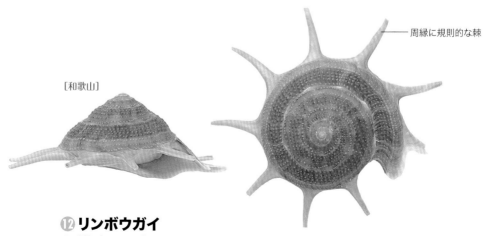

周縁に規則的な棘

[和歌山]

⑫ **リンボウガイ**
Guildfordia triumphans
●殻径 6cm●房総・能登半島〜九州●水深 100m 程度・砂礫底●やや少産

ミミガイ科
Haliotidae

0.6倍

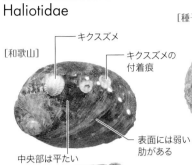

[和歌山]

キクズメ

キクズメの付着痕

中央部は平たい

表面には弱い肋がある

中央部は❶より膨らむ

表面には明らかな肋をもつ

[種子島]

中央部は膨らむ

トコブシ類では孔は7〜8個

[八丈島]

表面は❷と異なりほぼ平滑

❶ トコブシ
Haliotis (Sulculus) supertexta
●殻長6cm●北海道南西部〜日本海側・房総半島〜九州●潮下帯・岩礫底●普通●通称ながれこ。キクズメが付着することがある

❷ トコブシ (ナガラメ型)
Haliotis (Sulculus) supertexta [Osumi type]
●殻長6cm●大隅諸島●潮下帯・岩礫底●普通

❸ フクトコブシ
Haliotis (Sulculus) diversicolor
●殻長8cm●伊豆諸島●潮下帯・岩礫底●普通

❹ エゾアワビ
Haliotis (Nordotis) discus hannai
●殻長8cm
●北海道南西部〜三陸〜福島
●潮下帯・岩礁●多産

[礼文島]

殻は小型でやや細長い

アワビ類では、孔は4〜5個

凹凸は強く、全面にある

表面の凹凸は弱く、肋は明瞭

[千葉]

殻は丸い

孔の突出は低い

溝状のくぼみは不明瞭

この部分が緑色のものは種苗生産後の放流個体

別個体
[千葉]

❺ メカイアワビ *Haliotis (Nordotis) gigantea*
●殻長15cm●茨城・男鹿半島〜九州●潮下帯〜上部浅海帯・岩礁●普通●通称めがい（雌貝）・あか（赤）

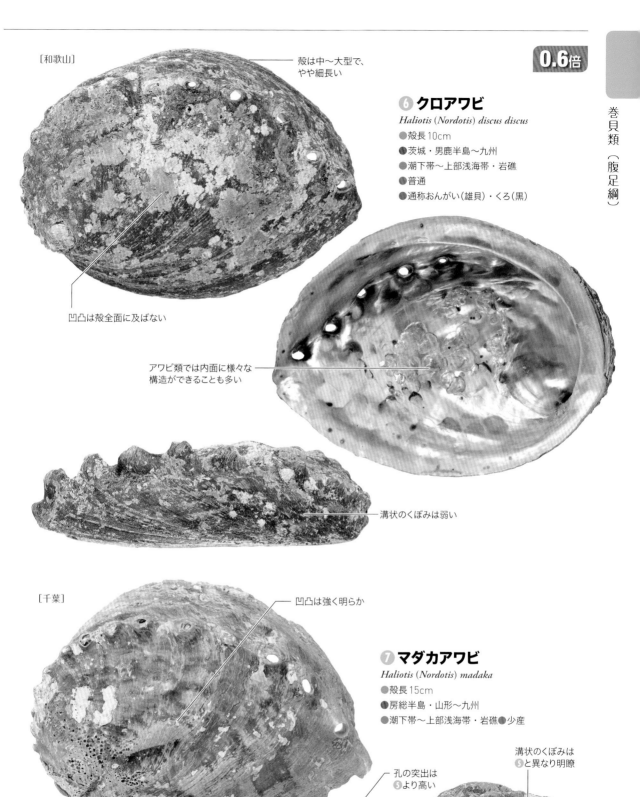

[和歌山]

殻は中〜大型で、やや細長い

0.6倍

⑥ クロアワビ

Haliotis (Nordotis) discus discus

- 殻長10cm
- 茨城・男鹿半島〜九州
- 潮下帯〜上部浅海帯・岩礁
- 普通
- 通称おんがい(雄貝)・くろ(黒)

凹凸は殻全面に及ばない

アワビ類では内面に様々な
構造ができることも多い

溝状のくぼみは弱い

[千葉]

凹凸は強く明らか

⑦ マダカアワビ

Haliotis (Nordotis) madaka

- 殻長15cm
- 房総半島・山形〜九州
- 潮下帯〜上部浅海帯・岩礁 ● 少産

溝状のくぼみは
⑤と異なり明瞭

孔の突出は
⑤より高い

殻は丸い

バテイラ科
Tegulidae

[兵庫] — 中央部は緑色で、ヘソ孔は閉じる — 殻高はやや高い

❶ クボガイ
Tegula (Chlorostoma) rugata
●殻径3cm●北海道南西部〜本州両岸〜九州
●潮間帯・岩礁●多産
●この仲間は、磯物・磯玉・みな貝と呼ばれ食用

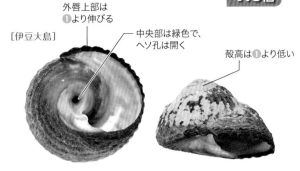

[伊豆大島] — 外唇上部は❶より伸びる — 中央部は緑色で、ヘソ孔は開く — 殻高は❶より低い

❷ ヘソアキクボガイ
Tegula (Chlorostoma) turbinata
●殻径3.5cm●北海道南西部〜日本海側・房総半島、伊豆諸島〜九州●潮下帯・岩礁底●やや少産
●日本海の群は小型

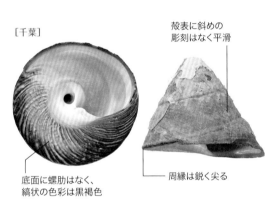

[千葉] — 殻表に斜めの彫刻はなく平滑 — 底面に螺肋はなく、縞状の色彩は黒褐色 — 周縁は鋭く尖る

❸ バテイラ
Tegula (Omphalius) pfeifferi pfeifferi
●殻高3.5cm●房総半島〜九州●潮下帯・岩礁
●普通●通称しったか（尻高）

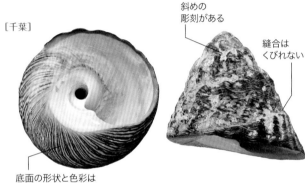

[千葉] — 斜めの彫刻がある — 縫合はくびれない — 底面の形状と色彩は❸と同様

❹ バテイラ（斜肋型）
Tegula (Omphalius) pfeifferi pfeifferi [oblique rib type]
●殻高3.5cm●本州東北地方太平洋岸〜房総半島
●潮下帯・岩礁●やや少産

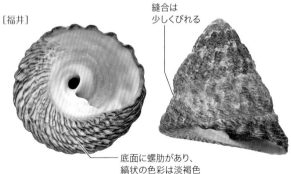

[福井] — 縫合は少しくびれる — 底面に螺肋があり、縞状の色彩は淡褐色

❺ オオコシダカガンガラ
Tegula (Omphalius) pfeifferi carpenteri
●殻高3cm●北海道南西部〜日本海側〜九州
●潮下帯・岩礁●普通

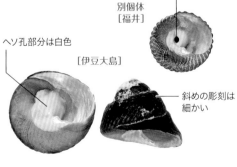

別個体 [福井] — ヘソ孔は開くものもある — ヘソ孔部分は白色 — [伊豆大島] — 斜めの彫刻は細かい

❻ ヒメクボガイ
Tegula (Omphalius) nigerrima
●殻径2cm●房総半島・山形〜奄美
●潮下帯・岩礫底●やや少産

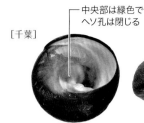

[千葉]

中央部は緑色で
ヘソ孔は閉じる

殻表に斜めの
彫刻はなく、
平滑で黒色

1.0倍

❼ クマノコガイ

Tegula (Chlorostoma) xanthostigma

●殻径 2.5cm ●福島・能登半島〜沖縄
●潮間帯下部・岩礫底 ●やや少産

[神奈川]

殻高は❼より高い

殻表は緑褐色

中央部は
緑色

❽ クサイロクマノコガイ

Tegula (Chlorostoma) kusairo

●殻径 2.5cm ●三浦半島・対馬〜九州
●潮間帯中部・岩礫底 ●やや少産

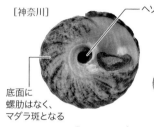

[神奈川]

ヘソ孔は広く開く

底面に
螺肋はなく、
マダラ斑となる

周縁の角は
少し弱い

❾ コシダカガンガラ

Tegula (Omphalius) rustica rustica

●殻径 2.5cm ●福島・男鹿半島〜九州
●潮間帯下部・岩礫底 ●普通

[岩手]

❾より周縁は
鋭く尖る

❿ ヒラガンガラ

Tegula (Omphalius) rustica collicula

●殻径 2.5cm ●北海道〜東北地方太平洋岸
●潮間帯下部・岩礫底 ●やや少産

サンショウガイモドキ科

Chilodontaidae

細かい肋が密にある

殻口は広い

[神奈川]

1.5倍

⓫ アシヤガイ

Granata lyrata

●殻径 10mm ●三陸・男鹿半島〜九州
●潮下帯・岩礫底 ●普通

エビスガイ科

Calliostomatidae

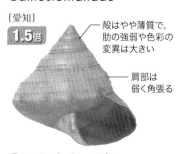

[愛知]

1.5倍

殻はやや薄質で、
肋の強弱や色彩の
変異は大きい

肩部は
弱く角張る

⓬ コシタカエビス

Calliostoma (Tristichotrochus) consors

●殻径 2cm ●房総・男鹿半島〜九州
●上部浅海帯・砂礫底 ●やや少産

[千葉]

1.5倍

殻は厚質、
色彩は紅褐色で
ほとんど変異しない

肩部は
⓬より角張る

⓭ ニシキエビス

Calliostoma (Tristichotrochus) multiliratum

●殻径 2cm ●北海道南西部〜本州両岸、
瀬戸内海〜九州 ●潮下帯・岩礫底
●やや少産

[千葉]

1.5倍

殻は厚質で、
螺肋は細かい

周縁に点斑の
ある色帯で、
ほぼ変異はない

⓮ エビスガイ

Calliostoma (Tristichotrochus) unicum

●殻径 2cm ●北海道南部〜本州両岸
〜九州 ●潮間帯下部〜潮下帯・岩礫底
●普通

ニシキウズ科
Trochidae

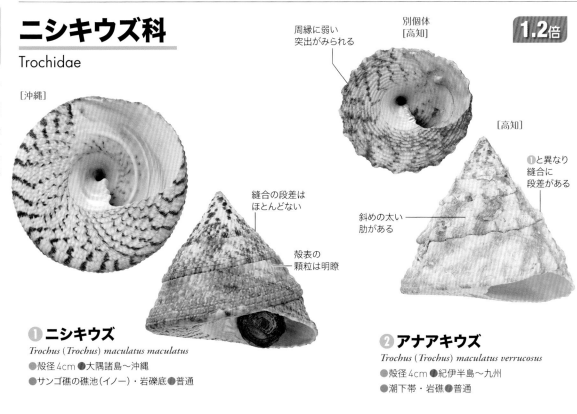

1.2倍

[沖縄]

[高知]

別個体
[高知]

周縁に弱い
突出がみられる

縫合の段差は
ほとんどない

殻表の
顆粒は明瞭

**❶と異なり
縫合に
段差がある**

斜めの太い
肋がある

❶ ニシキウズ
Trochus (Trochus) maculatus maculatus
●殻径4cm ●大隅諸島～沖縄
●サンゴ礁の礁池(イノー)・岩礫底 ●普通

❷ アナアキウズ
Trochus (Trochus) maculatus verrucosus
●殻径4cm ●紀伊半島～九州
●潮下帯・岩礁 ●普通

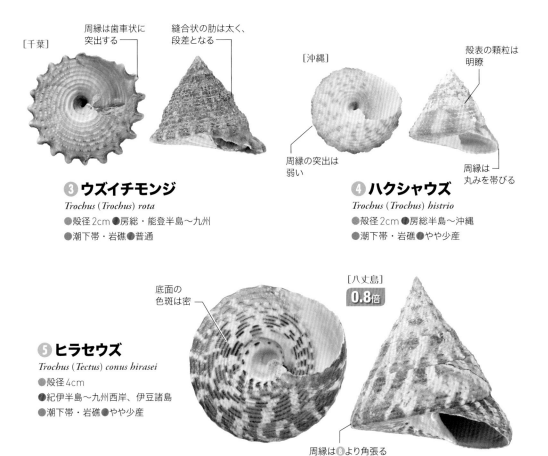

[千葉]

周縁は歯車状に
突出する

縫合状の肋は太く、
段差となる

[沖縄]

殻表の顆粒は
明瞭

周縁の突出は
弱い

周縁は
丸みを帯びる

❸ ウズイチモンジ
Trochus (Trochus) rota
●殻径2cm ●房総・能登半島～九州
●潮下帯・岩礁 ●普通

❹ ハクシャウズ
Trochus (Trochus) histrio
●殻径2cm ●房総半島～沖縄
●潮下帯・岩礁 ●やや少産

底面の
色斑は密

[八丈島]
0.8倍

❺ ヒラセウズ
Trochus (Tectus) conus hirasei
●殻径4cm
●紀伊半島～九州西岸、伊豆諸島
●潮下帯・岩礁 ●やや少産

周縁は❸より角張る

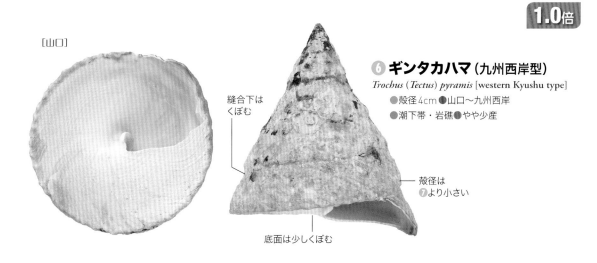

［山口］

縫合下は
くぼむ

6 ギンタカハマ（九州西岸型）
Trochus (*Tectus*) *pyramis* [western Kyushu type]
●殻径4cm ●山口〜九州西岸
●潮下帯・岩礁 ●やや少産

殻径は
7より小さい

底面は少しくぼむ

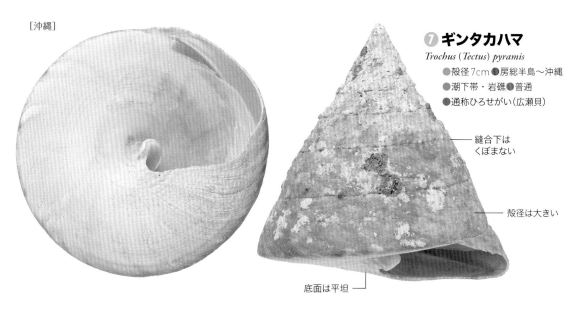

［沖縄］

7 ギンタカハマ
Trochus (*Tectus*) *pyramis*
●殻径7cm ●房総半島〜沖縄
●潮下帯・岩礁 ●普通
●通称ひろせがい（広瀬貝）

縫合下は
くぼまない

殻径は大きい

底面は平坦

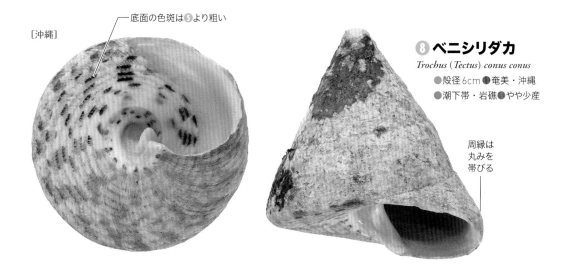

底面の色斑は**5**より粗い

［沖縄］

8 ベニシリダカ
Trochus (*Tectus*) *conus conus*
●殻径6cm ●奄美・沖縄
●潮下帯・岩礁 ●やや少産

周縁は
丸みを
帯びる

ニシキウズ科
Trochidae

[千葉]

2.0倍

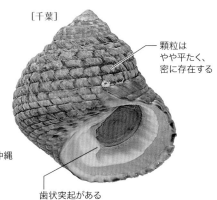

顆粒は
やや平たく、
密に存在する

❶ **イシダタミ**
Monodonta confusa
●殻高 18mm
●北海道南部～本州両岸～沖縄
●潮間帯・岩礫底●多産

歯状突起がある

[沖縄]

顆粒は丸みを帯び、
❶と異なり離れて
存在する

顆粒には
紫色が目立つ

❷ **オキナワイシダタミ**
Monodonta labio
●殻高 15mm ●奄美～沖縄
●やや内湾の潮間帯・岩礫底●多産

[鹿児島]

顆粒は❷より
紫色が目立たない

顆粒は小さいが、
丸みを帯び、
少し離れる

❸ **オキナワイシダタミ** (ヤマト型)
Monodonta labio [Yamato type]
●殻高 15mm ●三浦半島～九州西岸
●やや内湾の潮間帯・岩礫底●やや少産

[鳥取]

縫合はくびれない

殻は主に緑と
赤褐色の
マダラ模様

❹ **クロヅケガイ**
Monodonta neritoides
●殻径 10mm ●北海道南西部～本州両岸
（三陸を除く）～九州●潮間帯・岩礫地
●やや少産●日本海側に多い

[兵庫]

❹と異なり
縫合はくびれる

殻は濃黒色

❺ **クビレクロヅケ**
Monodonta perplexa perplexa
●殻径 12mm ●本州両岸～沖縄
●潮間帯・岩礫地●多産

[小笠原]

白斑が目立つ

❹❺と異なり
歯状突起がない

❻ **イロワケクロヅケ**
Diloma suavis
●別名メクラガイ●殻径 8mm
●房総半島～奄美、小笠原
●潮間帯・岩礁●普通

[神奈川]

❼ **アシヤガマ**
Stomatolina rubra
●殻径 15mm
●房総・男鹿半島～九州
●潮下帯・岩礁●少産

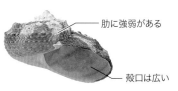

肋に強弱がある

殻口は広い

2.5倍

[和歌山]

❽ ナツモモ
Clanculus gordonis
●殻径12mm
●房総・能登半島〜大隅諸島
●潮下帯・岩礁底●やや少産

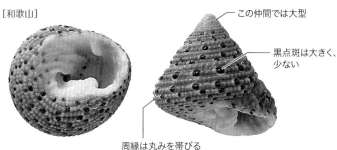

この仲間では大型

黒点斑は大きく、
少ない

周縁は丸みを帯びる

[沖縄]

❾ コシダカナツモモ
Clanculus margaritarius
●異名アマミナツモモ・
コガタナツモモ
●殻径8mm●奄美・沖縄
●潮下帯・岩礁底●少産

❽より小型で
殻高が高い

[長崎]

小型

黒点斑は
小さく並ぶ

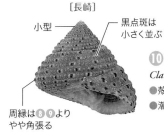

❿ ベニエビス
Clanculus gemmulifer gemmulifer
●殻径8mm●九州西岸
●潮下帯・岩礁底●やや稀

周縁は❽❾より
やや角張る

[和歌山]

黒点斑の両側が
白くなる

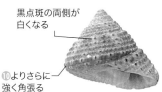

❿よりさらに
強く角張る

⓫ シロナツモモ
Clanculus gemmulifer pallidus
●殻径8mm●紀伊半島〜九州
●潮下帯・岩礁底●少産

別個体
[千葉]

殻は⓭よりも
薄質

[千葉]

殻は細い

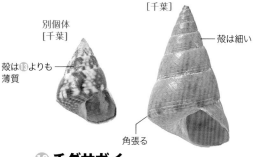

角張る

⓬ チグサガイ
Cantharidus japonicus
●殻高10mm●北海道南西部〜本州両岸〜九州
●潮間帯下部〜潮下帯・岩礁藻類上●普通
●関東〜紀伊半島東岸では同所的に大型(右側)の群が見られる

[愛媛]

殻は中太で、
⓮より薄質

角は
少し丸い

⓭ ハナチグサ
Cantharidus callichrous
●殻高10mm●房総半島〜九州
●潮下帯・岩礁藻類上●やや少産

赤褐色の地色に、
太い緑の螺状線と色彩の
変異は小さい

殻は太く、
厚質

周縁は
⓭より丸い

[長崎]

⓮ シリブトチグサ
Cantharidus bisbalteatus
●別名シリブトハナチグサ●殻高10mm
●北海道南西部〜日本海側〜九州
●潮下帯・岩礁藻類上●普通

[千葉]

殻は厚い

⓬⓭⓮と異なり
太い螺肋がある

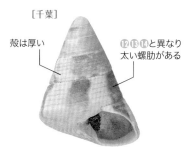

⓯ カネコチグサ
Kanekotrochus infuscatus
●殻高15mm●房総半島・佐渡島〜九州
●上部浅海帯・砂底●やや少産

ニシキウズ科

Trochidae

❶ タイワンキサゴ

Umbonium（Suchium）suturale

●殻径 12mm ●紀伊半島〜沖縄

●やや外海の潮下帯・砂底

●やや少産

[愛媛]

螺溝は弱く、
2〜3本と少ない

殻表は
光沢が強い

安定したジグザグ模様

❷ イボキサゴ

Umbonium（Suchium）moniliferum

●殻径 12mm ●仙台湾〜九州

●内湾の潮間帯・砂泥底 ●普通

●日本海側では沖積産化石が得ら
れる。昔は「きしゃご」の名称で
おはじきに使われていた

[愛知]

臍盤は殻径の
1/2以上

色彩は❶❸より
変異に富む

螺溝は浅い

❸ キサゴ

Umbonium（Suchium）costatum

●殻径 15mm

●北海道南西部〜本州両岸〜九州

●やや外海の潮下帯・砂底 ●普通

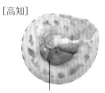
[高知]

ピンク色の臍盤は
殻径の1/2未満

色彩の変異は少ない

螺溝は深く明瞭

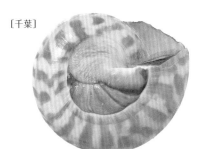
[千葉]

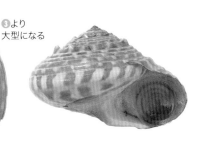

❸より
大型になる

❹ キサゴ（オオキサゴ型） *Umbonium（Suchium）costatum* [large type]

●殻径 3cm ●東北〜紀伊半島 ●やや外海の上部浅海帯・砂底 ●やや少産

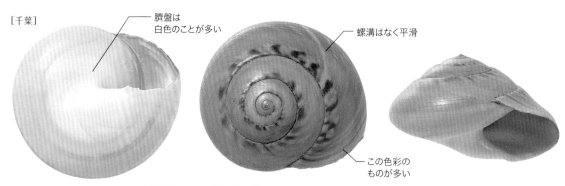
[千葉]

臍盤は
白色のことが多い

螺溝はなく平滑

この色彩の
ものが多い

❺ ダンベイキサゴ *Umbonium（Suchium）giganteum*

●殻径 3cm ●福島・男鹿半島〜九州 ●外海の潮下帯・砂底 ●普通 ●通称ながらみ

サンショウスガイ科

Colloniidae

⑥ サンショウガイ

Homalopoma nocturnum

- ●異名クラヤミザンショウ●殻径6mm
- ●房総半島・北海道南部（日本海）～九州
- ●潮下帯・岩礫底●普通
- ●濃淡はあるが、紅色か暗褐色の単色

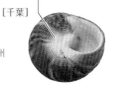

底面は少し膨らみ、密に螺肋がある

殻高は低く、螺肋は細かい

[千葉]

[岩手]

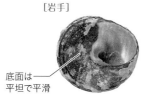

底面は平坦で平滑

殻高は高く、殻は黒褐色

⑦ ヤマザンショウ

Homalopoma sangarense

- ●殻径7mm●北海道～三陸・男鹿半島
- ●潮下帯・岩礫底海藻上●やや少産

[神奈川]

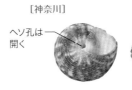

ヘソ孔は開く

殻高はやや高く、色彩変異は大きい

⑧ チグサザンショウ

Homalopoma incarinatum

- ●殻径6mm●房総半島・佐渡～瀬戸内海～九州、割と日本海側に多い●潮下帯・岩礫底●やや稀

サラサバイ科

Phasianellidae

⑨ サラサバイ

Phasianella solida

- ●殻高15mm
- ●房総・能登半島～沖縄
- ●潮下帯・岩礫底●普通

[千葉]

別個体[愛媛]

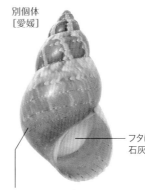

殻は平滑で光沢がある。色彩は変異に富む

フタは白色、石灰質で平滑

カタベガイ科

Angariidae

[和歌山]

2.0倍

殻頂は平巻

棘状の螺肋がある

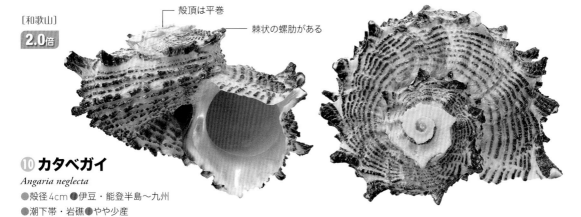

⑩ カタベガイ

Angaria neglecta

- ●殻径4cm●伊豆・能登半島～九州
- ●潮下帯・岩礁●やや少産

3.0倍

アマオブネ科

Neritidae

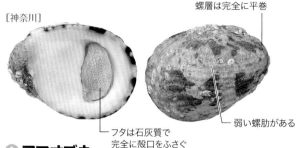

［神奈川］

螺層は完全に平巻

フタは石灰質で完全に殻口をふさぐ

弱い螺肋がある

❶ アマオブネ

Nerita (Theliostyla) albicilla
●殻径2cm ●福島・山口〜沖縄 ●潮間帯中部・岩礫底 ●普通

［千葉］

螺層はわずかに突出する

殻表は平滑

❷ アマガイ

Nerita (Heminerita) japonica
●殻径12mm ●房総半島・山口〜九州
●やや内湾の潮間帯中部・岩礫底 ●普通

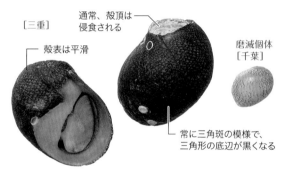

［三重］

通常、殻頂は侵食される

殻表は平滑

磨滅個体
［千葉］

常に三角斑の模様で、三角形の底辺が黒くなる

❸ イシマキ

Clithon retropictum
●殻径12mm ●宮城・秋田〜沖縄
●汽水域〜淡水域・岩礫底 ●普通

色彩の変異は大きく、三角斑となる場合には頂点が黒くなる

［宮崎］

通常、侵食の程度は❸より弱い

別個体
［鹿児島］

❹ カノコガイ

Clithon sowerbianum
●殻径10mm ●静岡・九州西岸〜沖縄
●汽水域・岩礫底 ●やや少産

タニシモドキ科

Ampullariidae

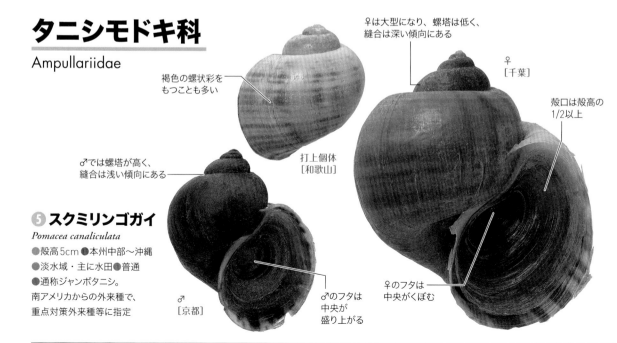

褐色の螺状彩をもつことも多い

♀は大型になり、螺塔は低く、縫合は深い傾向にある

♀
［千葉］

殻口は殻高の1/2以上

♂では螺塔が高く、縫合は浅い傾向にある

打上個体
［和歌山］

❺ スクミリンゴガイ

Pomacea canaliculata
●殻高5cm ●本州中部〜沖縄
●淡水域・主に水田 ●普通
●通称ジャンボタニシ。
南アメリカからの外来種で、重点対策外来種等に指定

♂
［京都］

♂のフタは中央が盛り上がる

♀のフタは中央がくぼむ

タニシ科
Viviparidae

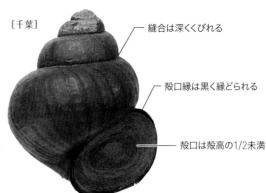

[千葉]

縫合は深くくびれる

殻口縁は黒く縁どられる

殻口は殻高の1/2未満

1.5倍

❻ マルタニシ
Cipangopaludina laeta
- ●殻高4cm ●北海道〜沖縄
- ●淡水域・主に水田 ●やや少産

ミミズガイ科
Siliquariidae

[和歌山]

点状に開いた
溝を持つ

[千葉]

小型で、
全体が淡褐色

❼ ミミズガイ
Tenagodus cumingii
- ●殻高5cm
- ●房総・男鹿半島〜沖縄
- ●上部〜下部浅海帯・
  岩礁底のカイメン中
- ●やや少産

螺層の上部は白色で、
下部は白色か、
時にうすく色づく

❽ チャイロミミズ
Tenagodus sp.
- ●殻高2.5cm ●房総半島〜九州
- ●上部浅海帯・岩礁底 ●やや少産

カリバガサ科
Calyptraeidae

別個体
[千葉]

殻口内への
付着状態

棘状になった
肋がある

[千葉]

殻頂は端部にあり、尖る

殻表は平滑

殻頂は
端部にない

[千葉]

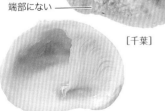

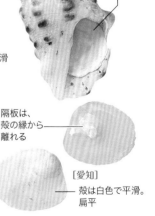

隔板は、
殻の縁から
離れる

[愛知]

殻は白色で平滑。
扁平

❾ アワブネ
Crepidula (Bostrycapulus) gravispinosa
- ●別名クルスガイ ●殻長2cm
- ●房総半島・佐渡〜沖縄 ●潮下帯・岩礁底
- ●多産

❿ シマメノウフネガイ
Crepidula (Crepidula) onyx
- ●殻長3cm ●北海道南部〜本州両岸（三陸を除く）〜九州 ●潮下帯・他の貝等に付着
- ●多産 ●1968年に関東地方で初確認の北アメリカ原産の外来種

⓫ ヒラフネガイ
Ergaea walshi
- ●別名シラタマツバキ ●殻長2.5cm
- ●房総・男鹿半島〜九州
- ●潮下帯・ヤドカリ入り巻貝の殻内
- ●やや少産

オニノツノガイ科

Cerithiidae

2.0倍

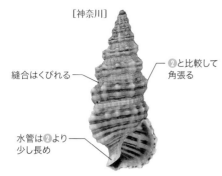

[神奈川]

縫合はくびれる

❷と比較して
角張る

水管は❷より
少し長め

❶ コオロギ

Cerithium kobelti

●別名コベルトカニモリ●殻高2cm●房総・男鹿半
島〜九州●潮間帯下部〜潮下帯・岩礁地●やや少産

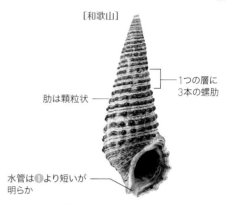

[和歌山]

肋は顆粒状

1つの層に
3本の螺肋

水管は❶より短いが
明らか

❷ コゲツノブエ

Cerithium coralium

●殻高2cm●紀伊・能登半島〜沖縄●潮間帯下部・
砂泥底●やや少産●沖積産化石はより北でも得られる。

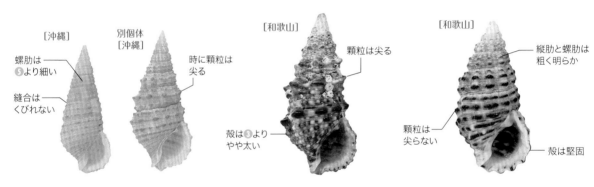

[沖縄]

螺肋は
❺より細い

縫合は
くびれない

別個体
[沖縄]

時に顆粒は
尖る

[和歌山]

顆粒は尖る

殻は❸より
やや太い

[和歌山]

縦肋と螺肋は
粗く明らか

顆粒は
尖らない

殻は堅固

❸ ヒメクワノミカニモリ

Cerithium zonatum

●殻高2cm●紀伊半島〜沖縄●潮間帯下部
〜潮下帯・砂泥底・岩礁底●普通●図示の
型は奄美・沖縄の潮下帯・藻場に生息

❹ ヒメクワノミカニモリ
（カネツケカニモリ型）

Cerithium zonatum [spiny type]

●別名トゲカニモリ●紀伊半島〜奄美
●潮間帯下部・岩礁底●やや少産

❺ カヤノミカニモリ

Clypeomorus humilis

●殻高2cm●房総半島・山口〜奄美
●潮間帯下部・岩礁底●やや少産

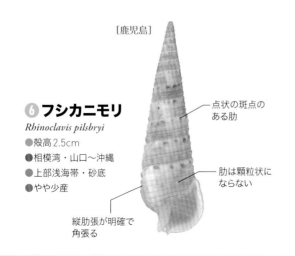

[鹿児島]

点状の斑点の
ある肋

肋は顆粒状に
ならない

縦肋張が明確で
角張る

❻ フシカニモリ

Rhinoclavis pilsbryi

●殻高2.5cm
●相模湾・山口〜沖縄
●上部浅海帯・砂底
●やや少産

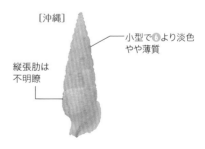

[沖縄]

小型で❻より淡色
やや薄質

縦張肋は
不明瞭

❼ ヤサフシカニモリ（新称）

Rhinoclavis granifera

●殻高2cm●奄美・沖縄●上部浅海帯・砂底
●少産

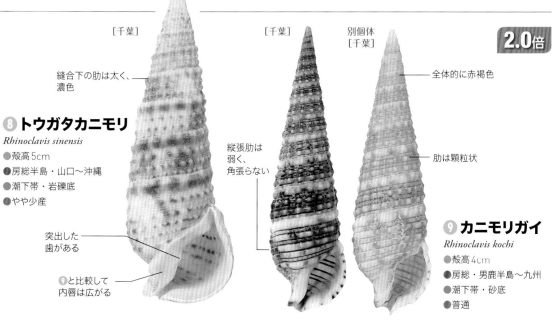

［千葉］

縫合下の肋は太く、濃色

❽ トウガタカニモリ
Rhinoclavis sinensis
●殻高5cm
●房総半島・山口〜沖縄
●潮下帯・岩礫底
●やや少産

突出した歯がある

❾と比較して内唇は広がる

［千葉］

縦張肋は弱く、角張らない

［千葉］　別個体［千葉］

全体的に赤褐色

肋は顆粒状

❾ カニモリガイ
Rhinoclavis kochi
●殻高4cm
●房総・男鹿半島〜九州
●潮下帯・砂底
●普通

カワニナ科
Semisulcospiridae

［千葉］

螺塔が侵食されていることも多い

縫合はくびれない

磨滅個体［神奈川］

❿ カワニナ
Semisulcospira libertina
●殻高3cm●北海道〜沖縄
●淡水域●多産●西日本には殻での区別が難しいチリメンカワニナが多い

時に色帯のでる個体もある

水管はない

ウミニナ科
Batillariidae

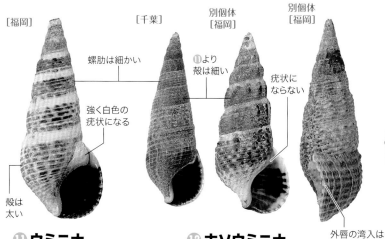

［福岡］

螺肋は細かい

強く白色の疣状になる

殻は太い

［千葉］

別個体［福岡］

⓫より殻は細い

別個体［福岡］

疣状にならない

外唇の湾入はごく弱い

［徳島］

⓫や⓬より螺肋は粗く、顆粒状

別個体［徳島］

⓬より外唇上部が湾入する

水管は不明瞭

⓫ ウミニナ
Batillaria multiformis
●殻高3cm
●北海道南部〜本州両岸〜九州
●内湾の潮間帯・砂泥底●普通

⓬ ホソウミニナ
Batillaria attramentaria
●殻高2.5cm●北海道〜奄美
●潮間帯・砂泥底・岩礫底●多産

⓭ イボウミニナ
Batillaria zonalis
●殻高3cm●北海道南部〜沖縄
●潮間帯・泥底●生息個体は稀。沖積産化石は普通

ヘナタリ科
Potamididae

2.0倍

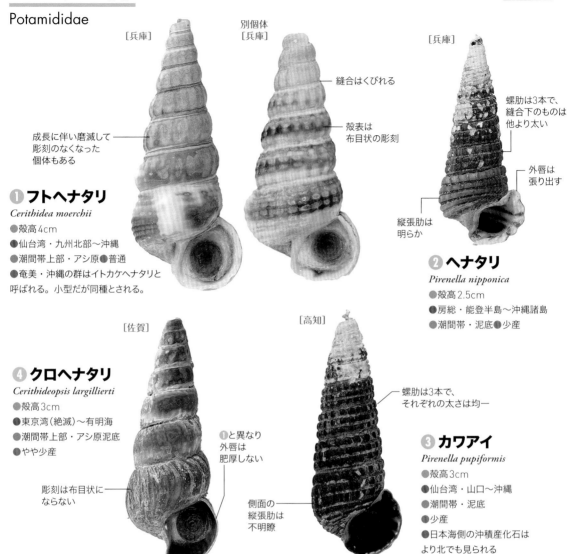

［兵庫］

別個体
［兵庫］

縫合はくびれる

殻表は
布目状の彫刻

成長に伴い磨滅して
彫刻のなくなった
個体もある

❶ フトヘナタリ
Cerithidea moerchii
●殻高4cm
●仙台湾・九州北部〜沖縄
●潮間帯上部・アシ原●普通
●奄美・沖縄の群はイトカケヘナタリと
呼ばれる。小型だが同種とされる。

［兵庫］

螺肋は3本で、
縫合下のものは
他より太い

外唇は
張り出す

縦張肋は
明らか

❷ ヘナタリ
Pirenella nipponica
●殻高2.5cm
●房総・能登半島〜沖縄諸島
●潮間帯・泥底●少産

［佐賀］

❹ クロヘナタリ
Cerithideopsis largillierti
●殻高3cm
●東京湾（絶滅）〜有明海
●潮間帯上部・アシ原泥底
●やや少産

彫刻は布目状に
ならない

❶と異なり
外唇は
肥厚しない

［高知］

螺肋は3本で、
それぞれの太さは均一

❸ カワアイ
Pirenella pupiformis
●殻高3cm
●仙台湾・山口〜沖縄
●潮間帯・泥底
●少産
●日本海側の沖積産化石は
より北でも見られる

側面の
縦張肋は
不明瞭

ゴマフニナ科
Planaxidae

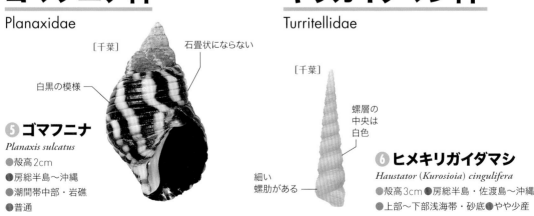

［千葉］

石畳状にならない

白黒の模様

❺ ゴマフニナ
Planaxis sulcatus
●殻高2cm
●房総半島〜沖縄
●潮間帯中部・岩礁
●普通

キリガイダマシ科
Turritellidae

［千葉］

螺層の
中央は
白色

細い
螺肋がある

❻ ヒメキリガイダマシ
Haustator (Kurosioia) cingulifera
●殻高3cm ●房総半島・佐渡島〜沖縄
●上部〜下部浅海帯・砂底●やや少産

タマキビ科

Littorinidae

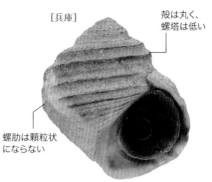

[兵庫]

殻は丸く、
螺塔は低い

螺肋は顆粒状
にならない

⑦ タマキビ

Littorina brevicula

●殻高 12mm
●北海道〜沖縄
●潮間帯上部・岩礁
●多産

[高知]

螺塔は高い

螺肋は太く密で
石畳状

⑧ タイワンタマキビ

Echinolittorina vidua

●殻高 8mm
●三浦半島・山口〜沖縄
●潮間帯上部・岩礁●少産

[沖縄]

螺肋は細く、
弱い顆粒状

殻口は
外側へ
広がる

⑨ コンシボリタマキビ

Echinolittorina melanacme

●殻高 7mm ●トカラ列島〜沖縄
●潮間帯上部・岩礁●やや少産

⑩ アラレタマキビ

Echinolittorina radiata

●殻高 7mm
●北海道〜トカラ列島
●潮間帯上部・岩礁
●多産

[山口]

螺肋は太く粗で、
強い顆粒状

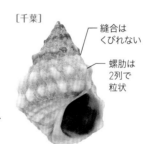

[千葉]

縫合は
くびれない

螺肋は
2列で
粒状

⑪ イボタマキビ

Echinolittorina cecillei

●殻高 10mm
●房総半島・対馬〜沖縄
●潮上帯・岩礁●普通

殻は大きくなり、太く、
色彩の変異は
ほとんどない

[沖縄]

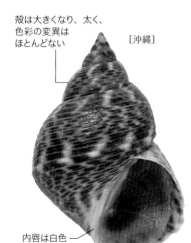

内唇は白色

⑫ ウズラタマキビ

Littoraria scabra

●殻高 2cm●九州〜沖縄
●潮間帯上部・岩礁等●普通

[沖縄]

殻は中位で、細く、
色彩の濃淡に
変異がある

螺溝は強い

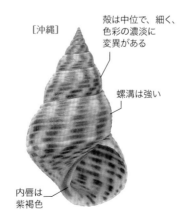

内唇は
紫褐色

⑬ ヒメウズラタマキビ

Littoraria intermedia

●殻高 15mm ●三浦半島〜沖縄
●潮間帯上部・岩礁等●普通

[福岡]

殻はやや厚く、
丸みを帯びる

螺溝は⑬よ
り弱い

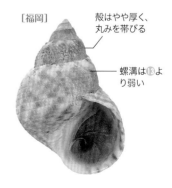

⑭ マルウズラタマキビ

Littoraria sinensis

●殻高 12mm●紀伊半島〜瀬戸内海〜
九州●内湾の潮間帯上部・岩礁●多産

クビキレガイ科

Truncatellidae

2.0倍

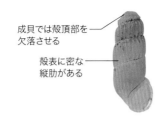

成貝では殻頂部を欠落させる

殻表に密な縦肋がある

[兵庫]
4.0倍

❶ キュウシュウクビキレ

Truncatella pfeifferi

●別名ヤマトクビキレ●殻高6mm

●北海道南部〜本州両岸〜九州

●潮上帯・打上物下●やや少産

スズメガイ科

Hipponicidae

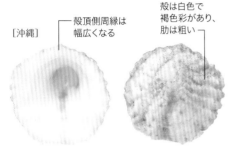

[沖縄]

殻頂側周縁は幅広くなる

殻は白色で褐色彩があり、肋は粗い

[千葉]

殻頂側周縁は❷より狭い

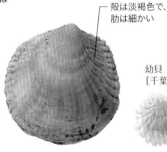

殻は淡褐色で、肋は細かい

幼貝
[千葉]

❷ アツキクスズメ

Sabia acuta

●殻長8mm●奄美・沖縄

●潮下帯・巻貝に付着●普通

❸ キクスズメ

Sabia conica

●殻長10mm●北海道南部〜本州両岸〜九州

●潮下帯・巻貝に付着●多産

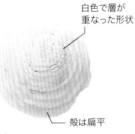

[千葉]

白色で層が重なった形状

殻は扁平

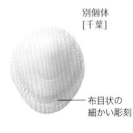

[千葉]

別個体
[千葉]

殻皮付きで打ち上がることも多い

布目状の細かい彫刻

❹ カワチドリ

Antisabia foliacea

●殻長8mm●房総・能登半島〜沖縄

●潮下帯・岩礁●普通

❺ スズメガイ

Pilosabia trigona

●殻長10mm●房総・能登半島〜沖縄

●潮下帯・岩礁●普通

シロネズミ科

Vanikoridae

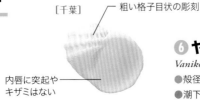

[千葉]

粗い格子目状の彫刻

内唇に突起やキザミはない

❻ ヤグラシロネズミ

Vanikoro fenestrata

●殻径12mm●房総半島〜九州西岸

●潮下帯・岩礁底●少産

クマサカガイ科

Xenophoridae

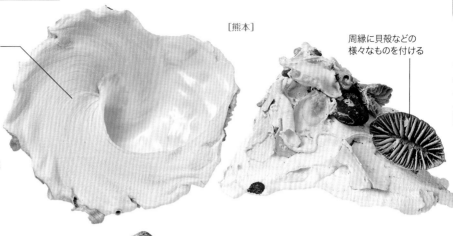

[熊本]

底面は白色

周縁に貝殻などの様々なものを付ける

❼ クマサカガイ

Xenophora pallidula

●殻径7cm

●房総半島〜九州西岸

●水深100〜300mの砂泥底

●やや少産

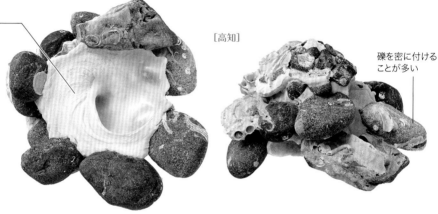

底面には濃淡のある褐色の成長彩がある

[高知]

礫を密に付けることが多い

❽ シワクマサカ

Xenophora cerea

●殻径6cm

●紀伊半島〜九州

●水深100〜200mの砂礫底

●稀

●下部浅海帯に生息する小型の群とは異なると思われる

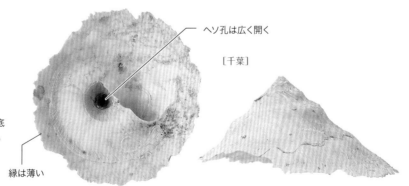

ヘソ孔は広く開く

[千葉]

❾ キヌガサガイ

Onustus exutus

●殻径8cm

●茨城・男鹿半島〜九州

●上部〜下部浅海帯の砂泥底

●やや少産で、時に打上がる

縁は薄い

ムカデガイ科

Vermetidae

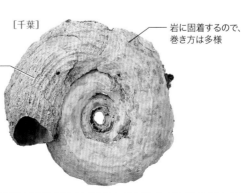

[千葉]

岩に固着するので、巻き方は多様

細い肋が明瞭

❿ オオヘビガイ

Thylacodes adamsii

●殻径5cm

●北海道南部〜本州両岸〜九州

●潮間帯中下部・岩礁●多産

スイショウガイ科

Strombidae

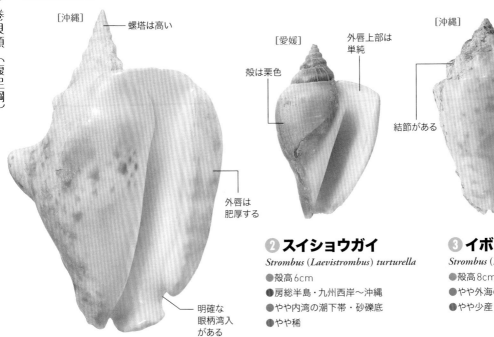

［沖縄］ — 螺塔は高い

外唇は肥厚する

明確な眼柄湾入がある

❶ アツソデガイ
Strombus (Tricornis) thersites
●殻高10cm ●紀伊半島〜沖縄
●外海の上部浅海帯・砂礫底 ●やや稀

［愛媛］

殻は栗色

外唇上部は単純

❷ スイショウガイ
Strombus (Laevistrombus) turturella
●殻高6cm
●房総半島・九州西岸〜沖縄
●やや内湾の潮下帯・砂礫底
●やや稀

［沖縄］

外唇上部はくぼむ

結節がある

❸ イボソデガイ
Strombus (Lentigo) lentiginosus
●殻高8cm ●大隅諸島〜沖縄
●やや外海の潮下帯・砂礫底
●やや少産

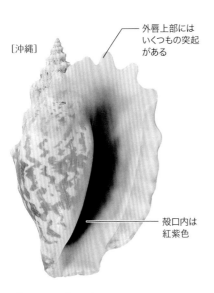

［沖縄］

外唇上部にはいくつもの突起がある

殻口内は紅紫色

❹ ヒメゴホウラ
Strombus (Tricornis) sinuatus
●殻高10cm ●大隅諸島〜沖縄
●やや外海の上部浅海帯・砂礫底
●少産

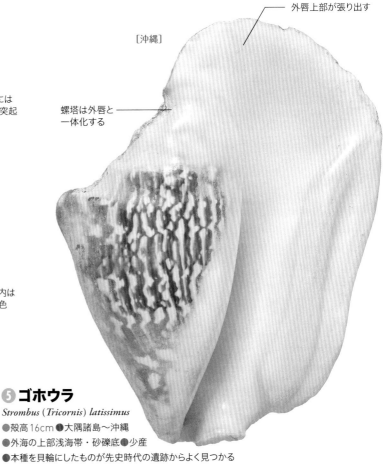

［沖縄］

外唇上部が張り出す

螺塔は外唇と一体化する

❺ ゴホウラ
Strombus (Tricornis) latissimus
●殻高16cm ●大隅諸島〜沖縄
●外海の上部浅海帯・砂礫底 ●少産
●本種を貝輪にしたものが先史時代の遺跡からよく見つかる

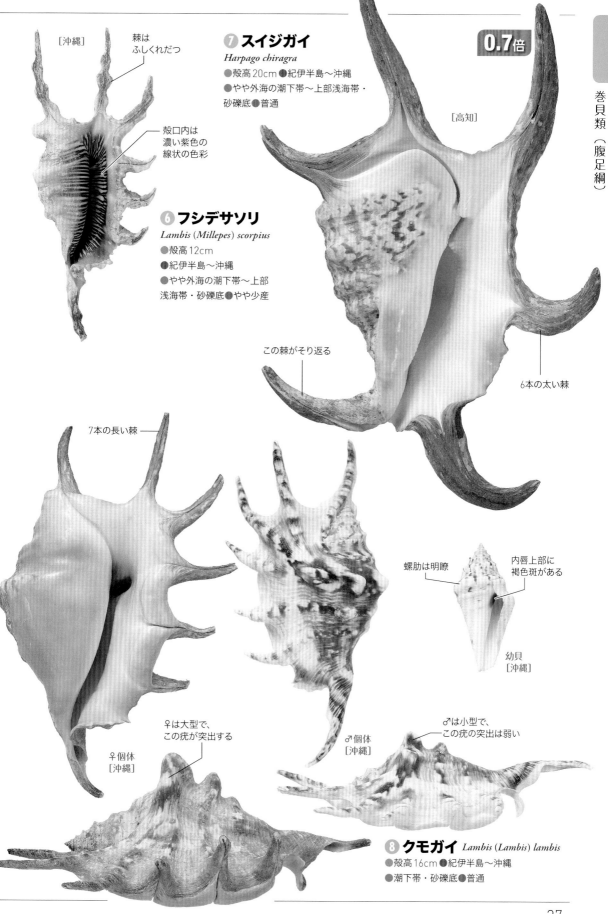

[沖縄]

棘は
ふしくれだつ

殻口内は
濃い紫色の
線状の色彩

❼ スイジガイ

Harpago chiragra

●殻高20cm ●紀伊半島〜沖縄

●やや外海の潮下帯〜上部浅海帯・
砂礫底 ●普通

0.7倍

[高知]

❻ フシデサソリ

Lambis (Millepes) scorpius

●殻高12cm

●紀伊半島〜沖縄

●やや外海の潮下帯〜上部
浅海帯・砂礫底 ●やや少産

この棘がそり返る

6本の太い棘

7本の長い棘

螺肋は明瞭

内唇上部に
褐色斑がある

幼貝
[沖縄]

♀は大型で、
この疣が突出する

♂は小型で、
この疣の突出は弱い

♀個体
[沖縄]

♂個体
[沖縄]

❽ クモガイ *Lambis (Lambis) lambis*

●殻高16cm ●紀伊半島〜沖縄

●潮下帯・砂礫底 ●普通

スイショウガイ科

Strombidae

1.0倍

幼貝
[千葉]

[愛媛]

殻口は
黒褐色

幼貝
[千葉]

殻口は白色

外唇は
肥厚しない

❶ ヤサガタムカシタモト

Strombus (Canarium) microurceus

●殻高2cm ●房総半島・山口〜沖縄
●潮下帯・岩礫底 ●やや少産

[沖縄]

内唇は黒褐色

くびれない

❸ マガキガイ

Strombus (Conomurex) luhuanus

●殻高5cm ●房総・能登半島〜沖縄
●潮下帯・砂礫底 ●普通

マガキガイ
螺塔内面

イモガイ
螺塔内面

巻きは粗い

巻きは細かい

[千葉]

殻は細く、
螺塔は高い

外唇上部は
くぼむ

幼貝
[千葉]

❹ シドロ

Strombus (Doxander) japonicus

●殻長6cm
●房総・男鹿半島〜九州
●やや外海の潮下帯・砂泥底
●やや少産

[千葉]

殻口は
紅色

❷ ムカシタモト

Strombus (Canarium) mutabilis

●殻高3cm
●房総半島・対馬〜沖縄
●潮下帯・岩礫底 ●やや少産

外唇上端は
次体層まで伸びる

[静岡]

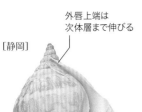

外唇は角張らず、
下部は丸みを帯びる

❺ フドロ

Strombus (Dolomena) marginatus robustus

●殻高6cm ●房総半島・若狭湾〜九州
●やや外海の潮下帯・砂泥底 ●打上は稀

外唇上端は伸びず、
体層まで

[沖縄]

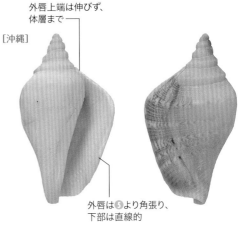

外唇は❺より角張り、
下部は直線的

❻ ヨロイノソデガイ

Strombus (Dolomena) marginatus septimus

●殻高5cm ●南九州〜沖縄
●やや内湾の上部浅海帯・砂泥底 ●やや稀

タカラガイ科
Cypraeidae

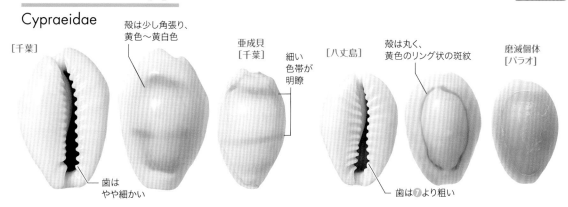

[千葉]

殻は少し角張り、黄色〜黄白色

亜成貝[千葉]

細い色帯が明瞭

[八丈島]

殻は丸く、黄色のリング状の斑紋

磨滅個体[パラオ]

歯はやや細かい

歯は**7**より粗い

7 キイロダカラ *Cypraea moneta*
●殻高2cm●房総半島・若狭湾〜沖縄●潮間帯下部・岩礁底
●やや少産●房総半島では亜成貝が多く打ち上がる

8 ハナビラダカラ *Cypraea annulus*
●殻高2cm●房総半島・鳥取〜沖縄●潮間帯下部・岩礁底
●普通●房総半島では老成貝が多く打ち上がる

9 ハナマルユキ
Cypraea caputserpentis
●殻高3cm
●房総半島・山形〜沖縄
●潮間帯下部〜潮下帯・岩礁●普通
●ヤマトで見つかるものは側面の張り出しが弱い（ミカドハナマルユキ型）

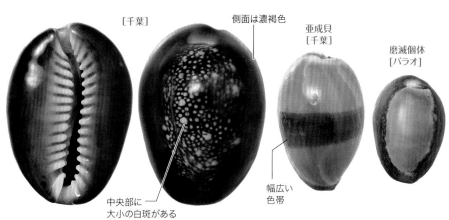

[千葉]

側面は濃褐色

亜成貝[千葉]

磨滅個体[パラオ]

中央部に大小の白斑がある

幅広い色帯

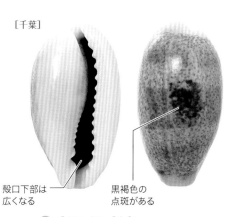

[千葉]

殻口下部は広くなる

黒褐色の点斑がある

10 ナツメモドキ
Cypraea errones
●殻高2.5cm●房総半島〜沖縄
●潮間帯下部〜潮下帯・岩礁●やや少産
●新鮮なものも多く打ち上がる

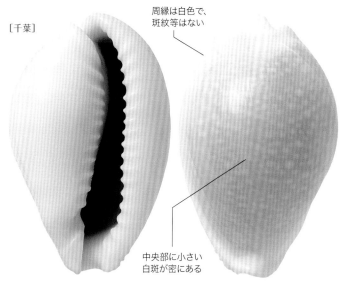

[千葉]

周縁は白色で、斑紋等はない

中央部に小さい白斑が密にある

11 ハツユキダカラ *Cypraea miliaris*
●殻高4cm●房総半島・鳥取〜沖縄●上部浅海帯・砂礫底
●やや少産●沖縄では内湾に稀に見られる

タカラガイ科

Cypraeidae

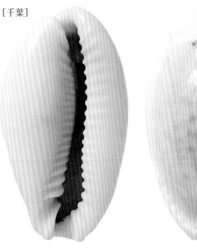
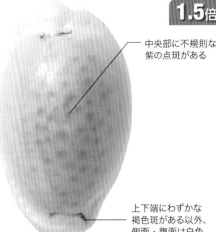

[千葉]

1.5倍

中央部に不規則な
紫の点斑がある

❶ オミナエシダカラ

Cypraea boivinii

●殻高3cm

●茨城・山口〜九州

●潮下帯・岩礫底●普通

●沖縄では見られることはない

上下端にわずかな
褐色斑がある以外、
側面・腹面は白色

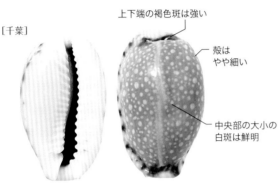

[千葉]

上下端の褐色斑は強い

殻は
やや細い

中央部の大小の
白斑は鮮明

❷ ナシジダカラ *Cypraea labrolineata*

●殻高15mm ●房総半島・鳥取〜沖縄

●潮下帯・岩礫底●やや少産

●沖縄よりもヤマトでよく得られる

[千葉]

殻は❷より
太い

中央部の
白斑は
不鮮明

周縁の点斑は
小さい

❸ ウミナシジダカラ *Cypraea cernica*

●殻高2cm ●房総半島・山口〜沖縄

●浅海帯・岩礫底●やや稀産

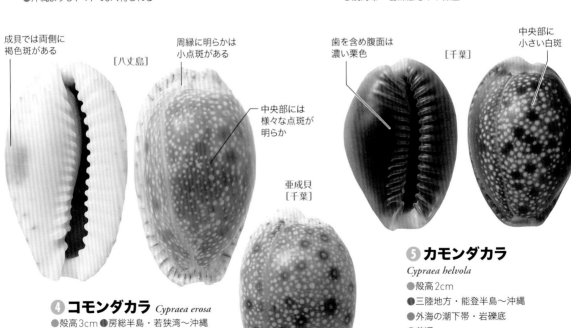

成貝では両側に
褐色斑がある

[八丈島]

周縁に明らかは
小点斑がある

中央部には
様々な点斑が
明らか

歯を含め腹面は
濃い栗色

[千葉]

中央部に
小さい白斑

亜成貝
[千葉]

❹ コモンダカラ *Cypraea erosa*

●殻高3cm ●房総半島・若狭湾〜沖縄

●潮下帯・岩礫底●やや少産

●房総半島などでは、亜成貝が多い

❺ カモンダカラ

Cypraea helvola

●殻高2cm

●三陸地方・能登半島〜沖縄

●外海の潮下帯・岩礫底

●普通

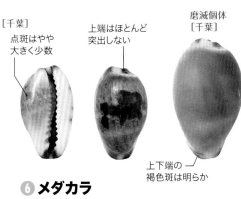

［千葉］
点斑はやや
大きく少数

上端はほとんど
突出しない

磨滅個体
［千葉］

上下端の
褐色斑は明らか

❻ メダカラ
Cypraea gracilis
●殻高15mm ●北海道南西部〜日本海側・福島〜沖縄
●潮間帯下部〜潮下帯・岩礁底 ●極めて多産

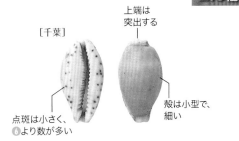

［千葉］

上端は
突出する

殻は小型で、
細い

点斑は小さく、
❻より数が多い

❼ クロシオダカラ
Cypraea contaminata
●殻高10mm ●房総半島〜沖縄 ●潮下帯・岩礁底
●やや稀産 ●沖縄よりもヤマトの方でよく得られる

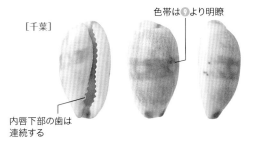

［千葉］

色帯は❾より明瞭

内唇下部の歯は
連続する

❽ ツマムラサキメダカラ
Cypraea fimbriata
●殻高12mm ●房総半島・長崎〜沖縄
●潮下帯・岩礁底 ●普通

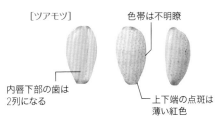

［ツアモツ］

色帯は不明瞭

内唇下部の歯は
2列になる

上下端の点斑は
薄い紅色

❾ ツマベニメダカラ
Cypraea minoridens
●殻高10mm ●房総半島〜沖縄 ●潮下帯・岩礁底
●やや稀産 ●沖縄よりもヤマトの方でよく得られる

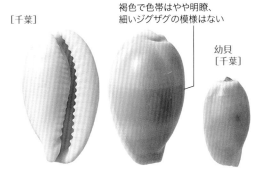

［千葉］

褐色で色帯はやや明瞭、
細いジグザグの模様はない

幼貝
［千葉］

❿ チャイロキヌタ
Cypraea artuffeli
●殻高15mm ●岩手・男鹿半島〜九州
●潮下帯・岩礁底 ●多産
●メダカラに次いで多い種

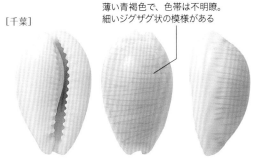

［千葉］

薄い青褐色で、色帯は不明瞭。
細いジグザグ状の模様がある

⓫ カミスジダカラ
Cypraea clandestina
●殻高15mm
●房総半島〜沖縄
●潮下帯・岩礁底
●やや少産

別個体
［フィリピン］

タカラガイ科

Cypraeidae

1.5倍

[高知]
2.0倍

ジグザグ模様
で白い色帯が
3本ある

ダイダイ色で、
小斑点がある

[千葉]

❶よりダイダイ色が濃く、
小斑点も密になる

背面に白い色帯
はない

❶ アジロダカラ
Cypraea ziczac
●殻高12mm●房総半島〜沖縄
●外海の潮下帯・岩礁底●少産

❷ カバホシダカラ
Cypraea lutea
●殻高12mm●房総半島〜沖縄
●外海の潮下帯・岩礁底●少産

[千葉]

2.0倍

腹面は白色で
点斑はない

幅広く黒褐色の
色帯が3本ある

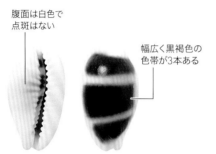

腹面は平坦で、両側に
大きな点斑がある

上下端に
黒色斑がある

[千葉]

❸ ウキダカラ
Cypraea asellus
●殻高15mm●房総半島・天草〜沖縄
●潮下帯・岩礁底●やや少産

❹ クロダカラ
Cypraea listeri
●殻高15mm●房総半島・佐渡島〜沖縄
●潮下帯・岩礁底●やや少産

強い歯に沿った
キザミがある

[千葉]

中央部にまばらで
不鮮明な白斑がある

背面とキザミは
明瞭に区別される

[千葉]

小顆粒が
密にある

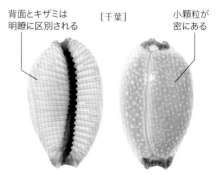

❺ シボリダカラ
Cypraea limacina
●殻高2.5cm●房総半島・佐渡島〜沖縄●潮下帯・岩礁
●やや少産●ヤマトでは得やすく、新鮮な打上げも多い

❻ サメダカラ
Cypraea staphylaea
●殻高12mm●房総半島・山形〜沖縄
●潮下帯・岩礁底●やや少産

[千葉]

腹面は
漆黒色

色帯はあるが
点斑はない

[千葉]
2.0倍

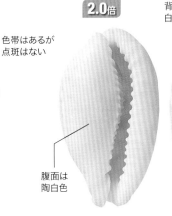

背面に多くの
白斑がある

腹面は
陶白色

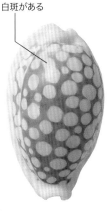

❼ クチグロキヌタ
Cypraea onyx
- ●殻高4cm ●房総半島・若狭湾～九州
- ●上部浅海帯・砂礫底
- ●少産 ●たこ壺に入った本種が得られることがある

❽ カノコダカラ
Cypraea cribraria
- ●殻高2cm ●房総半島～沖縄
- ●潮下帯・岩礁底 ●少産

❾ クロハラダカラ
Cypraea kuroharai
- ●殻高3cm ●房総半島～九州
- ●浅海帯・岩礁 ●稀
- ●通常は水深100m前後で得られる本種だが、房総半島南端と御前崎では古い死殻が打ち上がる。伊豆・小笠原では上部浅海帯の海底洞窟で生貝が採集されている

[八丈島]

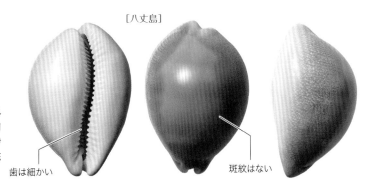

歯は細かい

斑紋はない

[千葉]

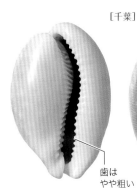

歯は
やや粗い

白斑が明瞭

[沖縄]

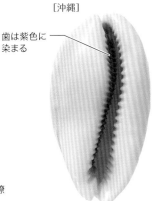

歯は紫色に
染まる

褐色の色帯
が明瞭

❿ ホシキヌタ
Cypraea vitellus
- ●殻高5cm ●房総半島・鳥取～沖縄
- ●潮下帯～上部浅海帯・岩礁 ●普通
- ●ヤマトでは極めて大型の個体が見つかることもある

⓫ クチムラサキダカラ
Cypraea carneola
- ●殻高3.5cm ●房総半島・山口～沖縄
- ●外海の潮下帯・岩礁底 ●やや少産

タカラガイ科

Cypraeidae

1.0倍

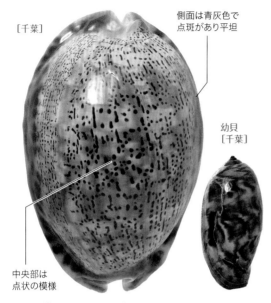

[千葉]

側面は青灰色で
点斑があり平坦

幼貝
[千葉]

中央部は
点状の模様

❶ ヤクシマダカラ *Cypraea arabica*
●殻高7cm●房総半島・山口〜沖縄
●潮間帯下部〜潮下帯・岩礁●普通
●温暖化のためか、分布域北端の房総半島でも
成貝が見られるようになっている

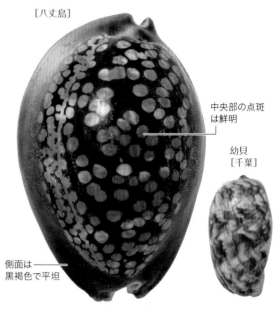

[八丈島]

中央部の点斑
は鮮明

幼貝
[千葉]

側面は
黒褐色で平坦

❷ ハチジョウダカラ *Cypraea mauritiana*
●殻高8cm●房総半島〜沖縄●潮間帯下部・岩礁
●やや少産●波当たりの強い平滑な岩で見られる。
房総・三浦両半島では幼貝のみ打上げで得られている

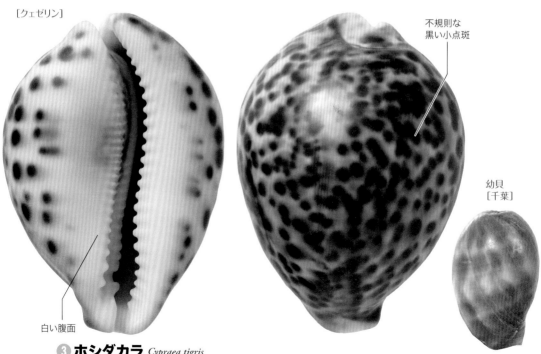

[クェゼリン]

不規則な
黒い小点斑

幼貝
[千葉]

白い腹面

❸ ホシダカラ *Cypraea tigris*
●殻高8cm●房総半島〜沖縄●潮下帯・岩礫底等●やや少産
●房総・三浦両半島では小型の幼貝のみ得られており、屋久島等では極めて大型になる。沖縄では藻場に生息

ウミウサギ科
Ovulidae

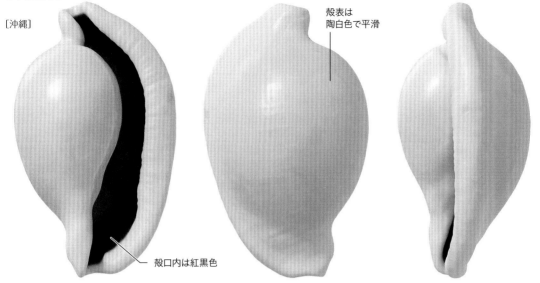

[沖縄]

殻表は
陶白色で平滑

殻口内は紅黒色

④ **ウミウサギ** *Ovula ovum*
●殻高7cm、紀伊半島〜沖縄●潮下帯・岩礁底
●ソフトコーラルと呼ばれる刺胞動物上●やや少産

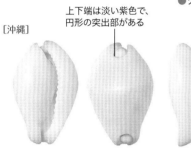

[沖縄]

上下端は淡い紫色で、
円形の突出部がある

背面に
弱い角をもつ

⑤ **コウサギ**
Calpurnus verrucosus
●殻高2.5cm●奄美・沖縄●潮下帯・岩礁底
●少産●別名のセムシウミウサギがボタンウミウサギと
改称されたが、コウサギの方が早く発表されていた

[千葉]

2.0倍

内唇に
歯はない

6個程度の
ダイダイ色の
点斑

⑥ **ホソテンロクケボリ**
Pseudosimnia alabaster
●殻高8mm●房総半島〜沖縄
●潮下帯・岩礁。刺胞動物のトゲトサカ中
●やや少産●ヤマトでは、時に打上がる

[千葉]

2.0倍

上端に疣がある

殻は
上下に尖る

⑦ **ツグチガイ**
Sandalia rhodia
●殻高12mm●北海道南部〜日本海側・茨城〜九州
●上部浅海帯・岩礁。刺胞動物のイソバナ上
●やや少産●西日本より東日本に多く生息し、時に打上がる

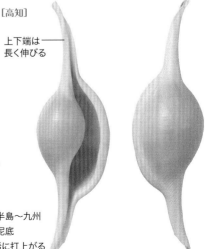

[高知]

上下端は
長く伸びる

⑧ **ヒガイ**
Volva habei
●殻高7cm
●房総・能登半島〜九州
●浅海帯・砂泥底
●少産●ごく稀に打上がる

シラタマ科
Triviidae

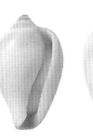

［千葉］ **4.0倍**

螺塔は明らか

少しくびれる

❶ ザクロガイ
Erato (Lachryma) callosa
●殻高6mm●三陸・男鹿半島〜九州
●潮下帯・岩礁●普通

タマガイ科
Naticidae

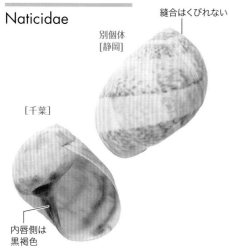

縫合はくびれない

別個体
［静岡］

［千葉］

内唇側は
黒褐色

❷ ネズミガイ
Mammilla simiae
●殻高2cm●房総半島・山口〜沖縄
●潮下帯・砂礫底●やや少産

［高知］

白帯の上下等に
点斑がある

臍盤は
丸くて明らか

❸ フロガイ
Naticarius alapapilionis
●殻径3cm
●房総半島・山口〜沖縄
●潮下帯・砂底●やや少産

［熊本］ **2.0倍**

周縁に黒褐色の
途切れた色帯がある

❹ フロガイダマシ
Naticarius concinnus
●殻径12mm
●房総・男鹿半島〜九州
●潮下帯・砂泥底●やや少産

［千葉］

底部を除き、
殻全体が灰褐色の
ことが多い

❺ ホウシュノタマ
Natica gualteriana
●殻径10mm●房総半島・山口〜沖縄
●潮間帯下部〜潮下帯・砂底●普通

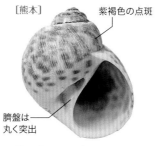

［熊本］ 紫褐色の点斑

臍盤は
丸く突出

❻ ゴマフダマ
Natica (Paratectonatica) tigrina
●殻径2.5cm●三河湾〜九州北岸
●潮間帯下部〜潮下帯・砂泥底
●やや少産

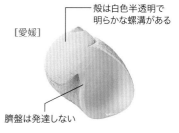

殻は白色半透明で
明らかな螺溝がある

［愛媛］

臍盤は発達しない

❼ ネコガイ
Eunaticina papilla
●殻高2cm●房総・男鹿半島〜九州
●やや内湾の潮間帯下部〜潮下帯・砂泥底
●やや少産

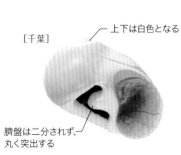

［千葉］

上下は白色となる

臍盤は二分されず、
丸く突出する

⑧ ウチヤマタマツバキ
Polinices sagamiensis

●殻径4cm ●茨城・男鹿半島〜九州
●潮下帯・砂底 ●やや少産

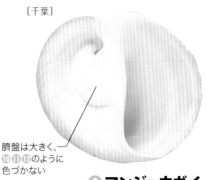

［千葉］

臍盤は大きく、
⑩⑪⑫のように
色づかない

⑨ マンジュウガイ *Polinices albumen*

●殻径5cm ●房総半島・九州西岸〜沖縄 ●潮下帯・砂底 ●少産

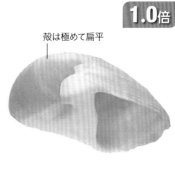

殻は極めて扁平

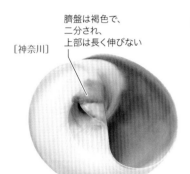

［神奈川］

臍盤は褐色で、
二分され、
上部は長く伸びない

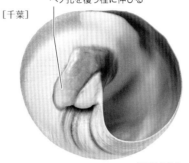

［千葉］

臍盤の二分された上部は、
ヘソ孔を覆う程に伸びる

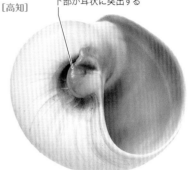

［高知］

臍盤の二分された
下部が耳状に突出する

殻高は
中くらいの高さ

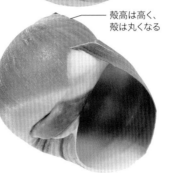

殻高は高く、
殻は丸くなる

殻高は⑩⑪より
低く、扁平

⑩ ツメタガイ
Glossaulax didyma

●殻径6cm ●北海道〜本州両岸〜九州
●潮間帯下部〜潮下帯・砂泥底 ●多産

⑪ ホソヤツメタ
Glossaulax hosoyai

●殻径5cm ●房総半島〜九州
●潮間帯下部〜潮下帯・砂泥底 ●やや少産
●近年は内湾で外来群が見られる

⑫ ソメワケツメタ
Glossaulax petiveriana

●殻径5cm ●駿河湾〜九州
●潮下帯・砂泥底 ●少産

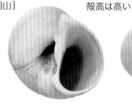

［岡山］

殻高は高い

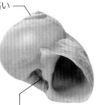

臍盤の発達は⑩より悪い

⑬ ハナツメタ
Glossaulax reiniana

●殻径3cm ●茨城・男鹿半島〜九州
●潮下帯・砂泥底 ●やや少産

［山口］

殻は⑨より球形。
⑬と異なり不明瞭な
色帯がある

臍盤は
わずかに突出

⑭ エゾタマガイ
Cryptonatica janthostomoides

●殻径3cm
●北海道南部〜本州両岸〜九州
●潮下帯・砂泥底 ●普通

タマガイ科
Naticidae

1.0倍

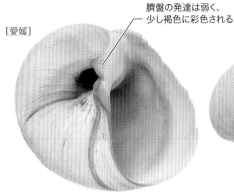

[愛媛]

臍盤の発達は弱く、少し褐色に彩色される

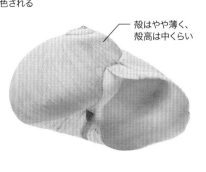

殻はやや薄く、殻高は中くらい

❶ ヒメツメタ
Glossaulax vesicalis
●殻径6cm●房総半島〜九州
●上部浅海帯・砂泥底
●少産●打上げられることはほとんどない

[千葉]

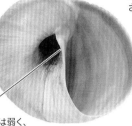

殻は❶よりさらに薄い

臍盤は弱く、およそ膜状

❷ ヒメツメタ (薄質型)
Glossaulax vesicalis [thin type]
●殻径4cm●茨城・能登半島〜九州
●潮下帯〜上部浅海帯・砂底
●やや少産●幼貝の打上げは割とみられる

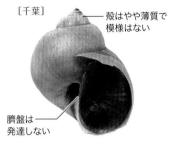

[千葉]

殻はやや薄質で模様はない

臍盤は発達しない

❸ サキグロタマツメタ
Laguncula pulchella
●殻高4cm●仙台湾〜九州
●内湾の潮間帯下部・砂泥底
●普通●日本産は全て外来種と考えている

オキニシ科
Bursidae

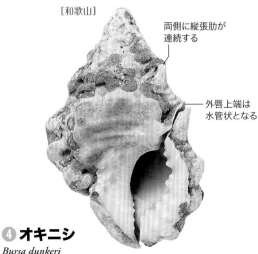

[和歌山]

両側に縦張肋が連続する

外唇上端は水管状となる

❹ オキニシ
Bursa dunkeri
●殻高6cm●房総半島・九州西岸〜沖縄
●外海の潮下帯・岩礁●やや少産

ヤツシロガイ科
Tonnidae

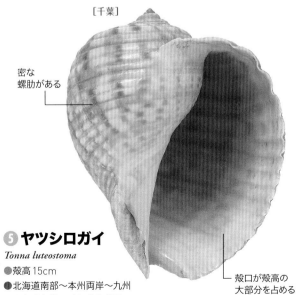

[千葉]

密な螺肋がある

❺ ヤツシロガイ
Tonna luteostoma
●殻高15cm
●北海道南部〜本州両岸〜九州
●上部浅海帯・砂泥底●普通

殻口が殻高の大部分を占める

トウカムリ科
Cassidae

1.0倍

[千葉]

❼より内唇滑層は弱いことが多い

螺溝は弱く、光沢は強目で、地色は白色

別個体[千葉]

❻ ナガカズラガイ *Phalium flammiferum*
●殻高6cm●房総半島〜九州北岸●外海の潮下帯〜上部浅海帯・砂泥底●やや少産

[愛知]

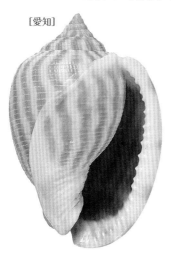

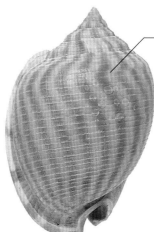

螺溝は❻より明瞭、光沢は弱目で、地色は青味がかることも多い

❼ カズラガイ
Phalium variegatum
●殻高6cm
●三陸・男鹿半島〜九州
●潮下帯〜上部浅海帯・砂泥底
●やや少産●日本海側に多い

不明瞭な四角の斑紋が並ぶ

[千葉]

ビワガイ科
Ficidae

殻口で殻高のほとんどを占める

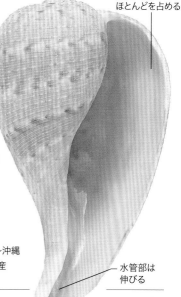

[千葉]

浅いが明らかな螺溝

❽ ウラシマ
Semicassis persimilis
●殻高5cm
●茨城・男鹿半島〜沖縄
●上部浅海帯・砂泥底●やや少産

❾ ビワガイ
Ficus margaretae
●殻高8cm●房総半島・兵庫〜沖縄
●上部浅海帯・砂泥底●やや少産

水管部は伸びる

フジツガイ科

Ranellidae

0.7倍

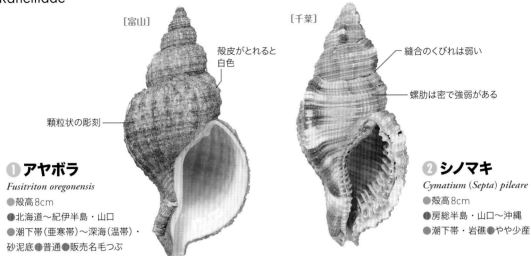

[富山]

殻皮がとれると
白色

顆粒状の彫刻

❶ アヤボラ

Fusitriton oregonensis

●殻高8cm

●北海道〜紀伊半島・山口

●潮下帯（亜寒帯）〜深海（温帯）・
砂泥底●普通●販売名毛つぶ

[千葉]

縫合のくびれは弱い

螺肋は密で強弱がある

❷ シノマキ

Cymatium (Septa) pileare

●殻高8cm

●房総半島・山口〜沖縄

●潮下帯・岩礁●やや少産

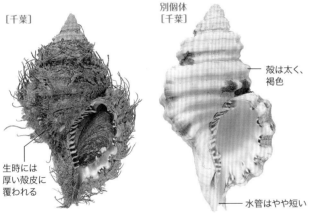

[千葉]

別個体
[千葉]

殻は太く、
褐色

生時には
厚い殻皮に
覆われる

水管はやや短い

❸ カコボラ

Cymatium (Monoplex) echo echo

●殻高8cm ●茨城・男鹿半島〜九州

●上部浅海帯・岩礁●普通

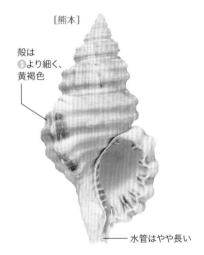

[熊本]

殻は
❸より細く、
黄褐色

水管はやや長い

❹ スズカケボラ

Cymatium (Monoplex) echo iwakawanum

●殻高8cm●紀伊半島〜九州西岸

●下部浅海帯・岩礫底●少産

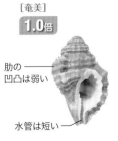

[奄美]
1.0倍

肋の
凹凸は弱い

水管は短い

❺ ククリボラ

Cymatium (Turritriton) kiiense
[shallow water type]

●殻高3cm●房総・男鹿半島〜奄美

●潮下帯・岩礁●やや少産

[和歌山]
1.0倍

肋の凹凸は
強い

水管は長い

❻ キイククリボラ

Cymatium (Turritriton) kiiense

●殻高4cm●房総半島〜九州西岸

●上〜下部浅海帯・岩礫底●やや少産

[千葉]
2.0倍

外唇の張り出しは
❺より強く、角張る

水管は短い

❼ ヒメミツカドボラ

Cymatium (Turritriton) labiosum

●殻高2cm●茨城・能登半島〜沖縄

●潮下帯・岩礁●やや少産

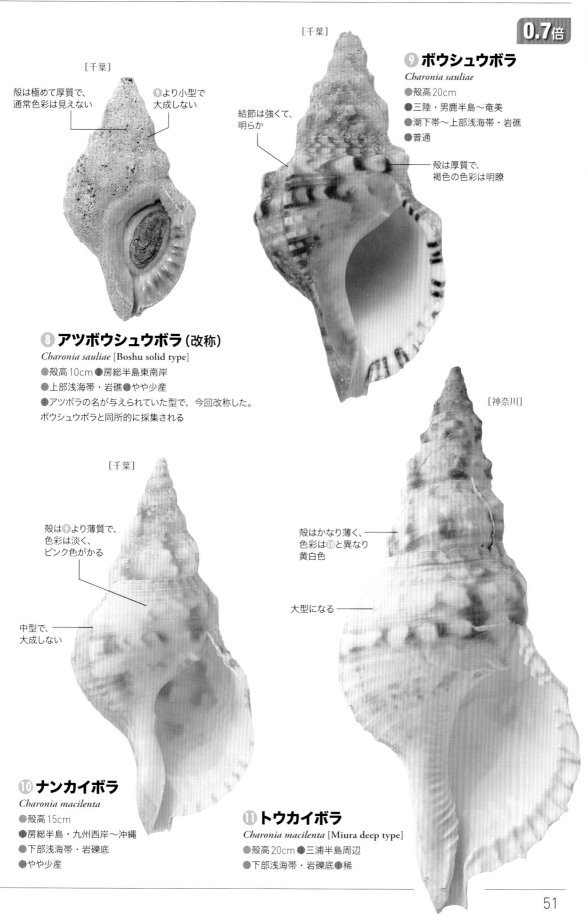

［千葉］

殻は極めて厚質で、
通常色彩は見えない

❾より小型で
大成しない

❾ ボウシュウボラ

Charonia sauliae

●殻高 20cm

●三陸・男鹿半島〜奄美

●潮下帯〜上部浅海帯・岩礁

●普通

［千葉］

結節は強くて、
明らか

殻は厚質で、
褐色の色彩は明瞭

❽ アツボウシュウボラ（改称）

Charonia sauliae [Boshu solid type]

●殻高 10cm ●房総半島東南岸

●上部浅海帯・岩礁 ●やや少産

●アツボラの名が与えられていた型で、今回改称した。
ボウシュウボラと同所的に採集される

［神奈川］

［千葉］

殻は❾より薄質で、
色彩は淡く、
ピンク色がかる

中型で、
大成しない

殻はかなり薄く、
色彩は❿と異なり
黄白色

大型になる

❿ ナンカイボラ

Charonia macilenta

●殻高 15cm

●房総半島・九州西岸〜沖縄

●下部浅海帯・岩礁底

●やや少産

⓫ トウカイボラ

Charonia macilenta [Miura deep type]

●殻高 20cm ●三浦半島周辺

●下部浅海帯・岩礁底 ●稀

アサガオガイ科

Janthinidae

`2.0倍`

[茨城]

殻高は低い

周縁は角張る

体層下部は濃色となる

[千葉]

`1.0倍`

殻口が殻高の大半を占める

❶と異なり周縁は丸い

[千葉]

殻は❶❷の紫色と異なり淡褐色で螺塔は高い

❶ アサガオガイ

Janthina janthina

●殻径2.5cm●北海道〜沖縄●大洋表層
●やや少産●時に打上がる

❷ ルリガイ

Janthina globosa

●殻径2.5cm●北海道〜沖縄●大洋表層
●やや少産●大量に打上がることもある

❸ ヒルガオガイ

Recluzia lutea

●殻高10mm●房総半島〜沖縄
●大洋表層●稀

イトカケガイ科

Epitoniidae

[神奈川]

縫合のくびれは弱い

体層下部に❺❻❼と異なり螺肋がある

[福島]

殻は細長く、3本の褐色色帯がある

❻❼には見られない強い縦肋がある

[千葉]

体層中央部に褐色の色帯が1本ある

殻はやや太い

❹ ネジガイ

Gyroscala commutata

●殻高2cm●北海道南西部〜日本海側・
福島〜沖縄●潮間帯下部・岩礁
●やや少産

❺ オダマキ

Epitonium (Depressiscala) auritum

●殻高2cm●福島・佐渡島〜九州
●潮下帯・砂底●少産

❻ セキモリ

Epitonium (Papyriscala) yokoyamai

●殻高2cm●房総半島・佐渡島〜九州
●潮下帯・砂底●少産

[熊本]

体層に3本の褐色色帯がある

殻はやや太い

❼ クレハガイ

Epitonium (Papyriscala) latifasciatum

●殻高2cm●房総半島・兵庫〜九州
●やや内湾の潮間帯下部〜潮下帯・砂泥底
●やや少産

ミツクチキリオレ科

Triphoridae

[千葉]

殻は左巻きで、細い

各層に3本の強い螺肋がある

❽ キリオレ

Viriola tricincta

●殻高15mm
●茨城・男鹿半島〜九州
●潮下帯・岩礫底●やや少産

アッキガイ科

Muricidae

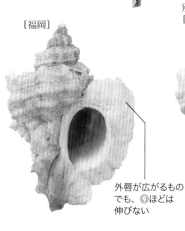

1.5倍

通常、螺肋は弱く、白色が優占し、少し薄質

[千葉]

外唇はヒレ状に伸びる

細かい棘が密にある

⑨ ヨウラクガイ

Pteropurpura falcata

●異名イセヨウラク

●殻高4cm

●北海道〜本州両岸〜九州

●上部〜下部浅海帯・岩礫底

●やや少産

[福岡]

殻は⑫と異なり全体が褐色

螺肋は明瞭

⑪ カゴメガイ

Bedevina birileffi

●殻高2cm

●房総・男鹿半島〜九州

●潮下帯・岩礫底●やや少産

[沖縄]

1.0倍

⑩ ホネガイ

Murex pecten

●殻高12cm

●房総半島・対馬〜沖縄

●上部浅海帯・砂泥底

●少産

殻は白色が優占する

[千葉]

螺肋は⑪より弱い

⑫ ヒメヨウラク

Ergalatax contracta

●殻高2cm

●房総・男鹿半島〜九州

●潮下帯・岩礫底●多産

水管は短い

別個体
[千葉]

⑨より螺肋は強く、褐色系の色彩で、厚質

[福岡]

外唇が広がるものでも、⑨ほどは伸びない

[八丈島]

殻は黒紫色

くびれは弱い

別個体
[千葉]

⑬ ウネレイシダマシ

Cronia margariticola

●殻高2cm●房総半島・山口〜沖縄

●潮間帯中下部・岩礫底●普通

⑪⑫と異なり水管はほとんどない

⑭ オウウヨウラク

Ceratostoma inornatus

●殻高3cm●北海道〜本州両岸〜九州

●上部浅海帯・岩礁、岩礫底●やや少産

●冷温帯域に多く、各地で様々な変異がある

アッキガイ科

Muricidae

1.5倍

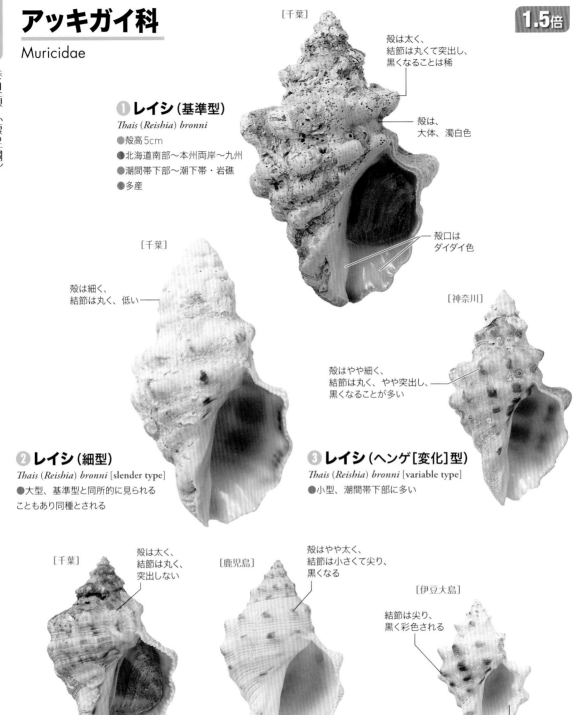

[千葉]

殻は太く、
結節は丸くて突出し、
黒くなることは稀

❶ **レイシ（基準型）**

Thais (Reishia) bronni

● 殻高5cm

● 北海道南部〜本州両岸〜九州

● 潮間帯下部〜潮下帯・岩礁

● 多産

殻は、
大体、濁白色

殻口は
ダイダイ色

[千葉]

殻は細く、
結節は丸く、低い

❷ **レイシ（細型）**

Thais (Reishia) bronni [slender type]

● 大型、基準型と同所的に見られる
 こともあり同種とされる

[神奈川]

殻はやや細く、
結節は丸く、やや突出し、
黒くなることが多い

❸ **レイシ（ヘンゲ[変化]型）**

Thais (Reishia) bronni [variable type]

● 小型、潮間帯下部に多い

[千葉]

殻は太く、
結節は丸く、
突出しない

[鹿児島]

殻はやや太く、
結節は小さくて尖り、
黒くなる

[伊豆大島]

結節は尖り、
黒く彩色される

外唇内側に
歯状突起をもつ

❹ **レイシ（内湾丸型）**

Thais (Reishia) bronni [globose type]

● 中型、潮間帯下部に多い

❺ **レイシ（尖り疣型）**

Thais (Reishia) bronni [acute nodule type]

● 中型、ブイ等に多い

❻ **クリフレイシ**

Thais (Reishia) luteostoma

● 殻高3cm ● 房総半島〜九州北岸

● 潮下帯・岩礁 ● 少産

● 日本海ではレイシのヘンゲ型と
識別が難しい

1.5倍

❼ イボニシ（丸疣型）

Thais (Reishia) clavigera [rounded nodule type]
●殻高2.5cm●北海道南部〜本州両岸〜九州
●潮間帯中下部・岩礁●多産
●丸疣型（P型など）と尖り疣型（C型など）は同所的に見られる

[神奈川]

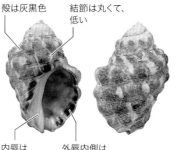

殻は灰黒色
結節は丸くて、低い
内唇は淡い黄褐色
外唇内側は❶と異なり黒くなる

[神奈川]

結節は尖り気味で、小さい

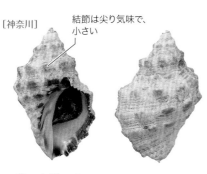

❽ イボニシ（尖り疣型）

Thais (Reishia) clavigera [acute nodule type]
●現時点では分布域等による差異は明確ではない

[山口]

殻は細く、螺塔が高い

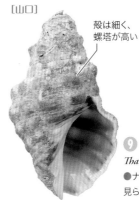

❾ イボニシ（細型）

Thais (Reishia) clavigera [slender type]
●ナガイボニシと呼ばれた瀬戸内海で見られる型

結節は丸くて、連続して褐色に染まる

[千葉]　　[神奈川]

殻は明褐色で小型

外唇内側に❼より強い歯状突起をもつ

❿ オハグロレイシ（丸疣型）

Thais (Reishia) pseudodiadema [rounded nodule type]
●殻高10mm●房総・男鹿半島〜九州
●潮下帯・岩礁●少産

結節は小さくて尖り、先端が濃く染まる

[千葉]　　[伊豆大島]

⓫ オハグロレイシ（尖り疣型）

Thais (Reishia) pseudodiadema [acute nodule type]
●同所的に見られるが、丸疣型より南に多い

[和歌山]

殻は黒色で丸く、極めて厚質
結節は丸くて黒い
外唇内側の歯状突起は白色で強い

⓬ レイシダマシ

Morula granulata
●殻高15mm●紀伊半島・九州西岸〜沖縄●潮間帯中下部・岩礁●普通

[和歌山]

殻は小さく菱形
格子目彫刻は⓮より粗い

⓭ レイシダマシモドキ

Muricodrupa fusca
●殻高12mm●房総半島・九州西岸〜沖縄●潮間帯中下部・岩礁底●やや少産

[千葉]

殻は小さく、螺塔は高い
格子目彫刻はやや細かい

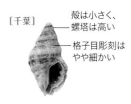

⓮ コウシレイシダマシ

Muricodrupa sp.
●殻高10mm●房総半島・九州西岸〜沖縄●潮間帯下部・岩礁底●やや少産

アッキガイ科

Muricidae

1.5倍

❷ アカニシ (棘型)
●ツノアカニシと呼ばれる
こともある

[千葉] **1.0倍**

結節が棘状となる

[千葉] **1.0倍**

殻表には強弱の
ある螺肋があり、
肩部は角張る

❶ アカニシ
Rapana venosa
●殻高8cm
●北海道南部〜本州両岸〜九州
●潮間帯下部〜潮下帯・砂泥底
●多産。北海道では少産

殻口はダイダイ色で
大きい

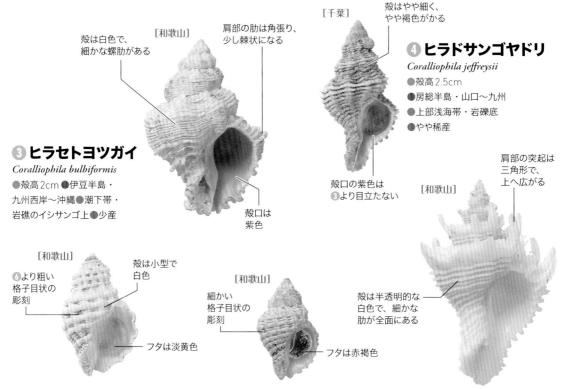

殻は白色で、
細かな螺肋がある

[和歌山]

肩部の肋は角張り、
少し棘状になる

殻はやや細く、
やや褐色がかる

[千葉]

❹ ヒラドサンゴヤドリ
Coralliophila jeffreysii
●殻高2.5cm
●房総半島・山口〜九州
●上部浅海帯・岩礫底
●やや稀産

❸ ヒラセトヨツガイ
Coralliophila bulbiformis
●殻高2cm●伊豆半島・
九州西岸〜沖縄●潮下帯・
岩礁のイシサンゴ上●少産

殻口は
紫色

殻口の紫色は
❸より目立たない

肩部の突起は
三角形で、
上へ広がる

[和歌山]

[和歌山]

❻ より粗い
格子目状の
彫刻

殻は小型で
白色

[和歌山]

細かい
格子目状の
彫刻

殻は半透明的な
白色で、細かな
肋が全面にある

フタは淡黄色

フタは赤褐色

❺ スギモトサンゴヤドリ
Coralliophila clathrata
●殻高15mm●紀伊半島〜九州
●潮間帯下部のイワスナギンチャク類中
●少産

❻ カゴメサンゴヤドリ
Coralliophila squamosissima
●殻高15mm●房総半島〜山口
●潮間帯下部のイワスナギンチャク類中
●やや少産

❼ テンニョノカムリ
Babelomurex japonicus
●殻高3.5cm●房総半島〜九州西岸
●下部浅海帯・砂泥底●やや少産

テングニシ科

Melongenidae

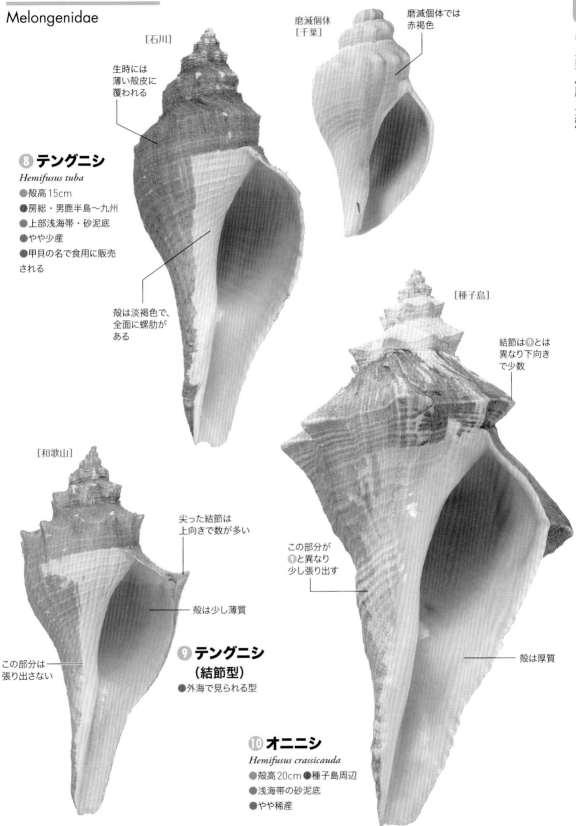

［石川］

生時には
薄い殻皮に
覆われる

磨滅個体
［千葉］

磨滅個体では
赤褐色

⑧ テングニシ

Hemifusus tuba

●殻高15cm
●房総・男鹿半島〜九州
●上部浅海帯・砂泥底
●やや少産
●甲貝の名で食用に販売
される

殻は淡褐色で、
全面に螺肋が
ある

［種子島］

結節は⑨とは
異なり下向き
で少数

［和歌山］

尖った結節は
上向きで数が多い

この部分が
⑨と異なり
少し張り出す

殻は少し薄質

⑨ テングニシ
（結節型）

●外海で見られる型

この部分は
張り出さない

殻は厚質

⑩ オニニシ

Hemifusus crassicauda

●殻高20cm ●種子島周辺
●浅海帯の砂泥底
●やや稀産

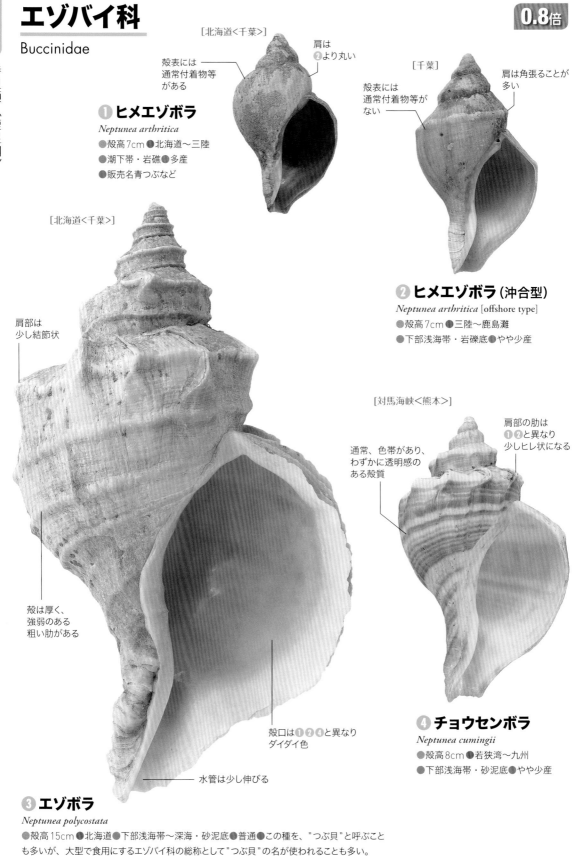

エゾバイ科
Buccinidae

巻貝類（腹足綱）

0.8倍

[北海道<千葉>]

殻表には通常付着物等がある

肩は❷より丸い

❶ ヒメエゾボラ
Neptunea arthritica
●殻高7cm●北海道〜三陸
●潮下帯・岩礁●多産
●販売名青つぶなど

[千葉]

殻表には通常付着物等がない

肩は角張ることが多い

❷ ヒメエゾボラ（沖合型）
Neptunea arthritica [offshore type]
●殻高7cm●三陸〜鹿島灘
●下部浅海帯・岩礫底●やや少産

[北海道<千葉>]

肩部は少し結節状

殻は厚く、強弱のある粗い肋がある

殻口は❶❷❹と異なりダイダイ色

水管は少し伸びる

❸ エゾボラ
Neptunea polycostata
●殻高15cm●北海道●下部浅海帯〜深海・砂泥底●普通●この種を、"つぶ貝"と呼ぶことも多いが、大型で食用にするエゾバイ科の総称として"つぶ貝"の名が使われることも多い。

[対馬海峡<熊本>]

通常、色帯があり、わずかに透明感のある殻質

肩部の肋は❶❷と異なり少しヒレ状になる

❹ チョウセンボラ
Neptunea cumingii
●殻高8cm●若狭湾〜九州
●下部浅海帯・砂泥底●やや少産

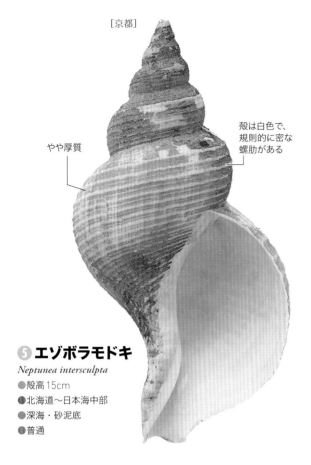

［京都］

やや厚質

殻は白色で、
規則的に密な
螺肋がある

⑤ エゾボラモドキ
Neptunea intersculpta
●殻高15cm
●北海道～日本海中部
●深海・砂泥底
●普通

［千葉］

やや薄質

殻は淡褐色で、
3本程度の
⑤より少ない肋がある

水管は細く、少し伸びる

⑥ コエゾボラモドキ
Neptunea frator
●殻高12cm ●三陸～鹿島灘
●深海・砂泥底●普通

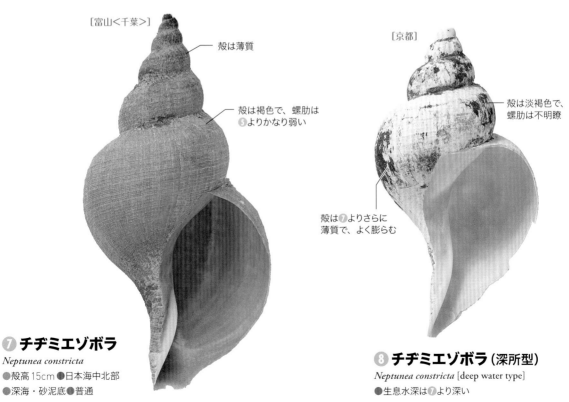

［富山＜千葉＞］

殻は薄質

殻は褐色で、螺肋は
⑤よりかなり弱い

⑦ チヂミエゾボラ
Neptunea constricta
●殻高15cm ●日本海中北部
●深海・砂泥底●普通

［京都］

殻は淡褐色で、
螺肋は不明瞭

殻は⑦よりさらに
薄質で、よく膨らむ

⑧ チヂミエゾボラ（深所型）
Neptunea constricta [deep water type]
●生息水深は⑦より深い

エゾバイ科

Buccinidae

2.0倍

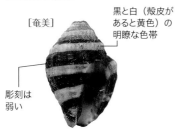

[奄美]

黒と白（殻皮があると黄色）の明瞭な色帯

彫刻は弱い

❶ ノシガイ

Engina mendricaria

●殻高12mm ●紀伊半島〜沖縄

●潮間帯中部・岩礁 ●普通

[和歌山]

縫合はくびれない

縦肋は黒く連続して彩色される

❷ ゴマフホラダマシ

Engina menkeana

●殻高10mm ●房総半島〜九州北部

●潮下帯・岩礁底 ●やや少産

[千葉]

打ち上げ個体では褐色となる

❷と異なり縫合はくびれる

縦肋の斑紋は黒と白のマダラ

❸ ナガゴマフホラダマシ

Engina submenkeana

●殻高10mm ●房総・男鹿半島〜九州

●潮下帯・岩礁底 ●普通

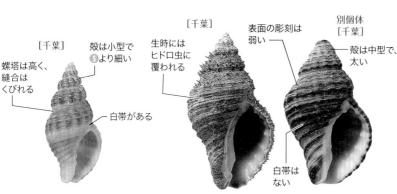

[千葉]

螺塔は高く、縫合はくびれる

殻は小型で❺より細い

白帯がある

生時にはヒドロ虫に覆われる

表面の彫刻は弱い

別個体 [千葉]

殻は中型で、太い

白帯はない

❹ コホラダマシ

Cantharus (Cantharus) subrubiginosus

●殻高15mm ●房総・男鹿半島〜九州

●潮下帯・岩礁底 ●やや稀

❺ シワホラダマシ

Cantharus (Cantharus) mollis

●殻高2cm ●茨城〜九州西岸

●潮間帯下部〜潮下帯・岩礁底 ●やや少産

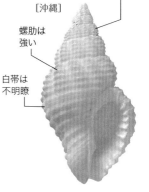

殻は中型で、太く、❺と比べてきわめて厚質

[沖縄]

螺肋は強い

白帯は不明瞭

❻ ホラダマシ

Cantharus (Cantharus) fumosus

●殻高2cm ●奄美・沖縄

●潮下帯・砂礫底 ●少産

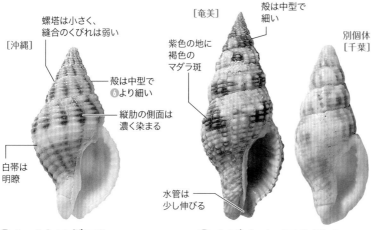

[沖縄]

螺塔は小さく、縫合のくびれは弱い

殻は中型で❻より細い

縦肋の側面は濃く染まる

白帯は明瞭

[奄美]

殻は中型で細い

紫色の地に褐色のマダラ斑

別個体 [千葉]

水管は少し伸びる

❼ ヒメホラダマシ

Cantharus (Cantharus) rubiginosus

●殻高2cm ●奄美・沖縄

●潮下帯・砂礫底 ●やや少産

❽ カゴメベッコウバイ

Prodotia iostoma

●殻高2.5cm ●房総半島〜沖縄

●潮下帯・岩礁底 ●少産

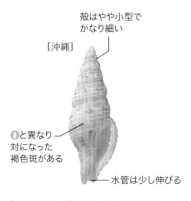

殻はやや小型でかなり細い

[沖縄]

❽と異なり対になった褐色斑がある

水管は少し伸びる

❾ ホソカゴメベッコウバイ

Prodotia lannumi

●殻高15mm ●奄美・沖縄

●潮下帯・砂礫底 ●やや少産

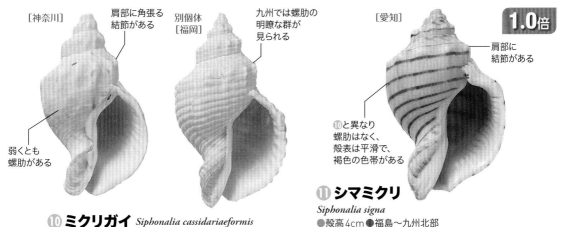

1.0倍

[神奈川] 肩部に角張る結節がある　別個体[福岡]　九州では螺肋の明瞭な群が見られる

弱くとも螺肋がある

[愛知] 肩部に結節がある

⑩と異なり螺肋はなく、殻表は平滑で、褐色の色帯がある

⑩ **ミクリガイ** *Siphonalia cassidariaeformis*
●殻高4cm●茨城〜山口●上部浅海帯・砂泥底
●普通●現在は個体数回復中

⑪ **シマミクリ**
Siphonalia signa
●殻高4cm●福島〜九州北部
●上部浅海帯・砂泥底●やや少産

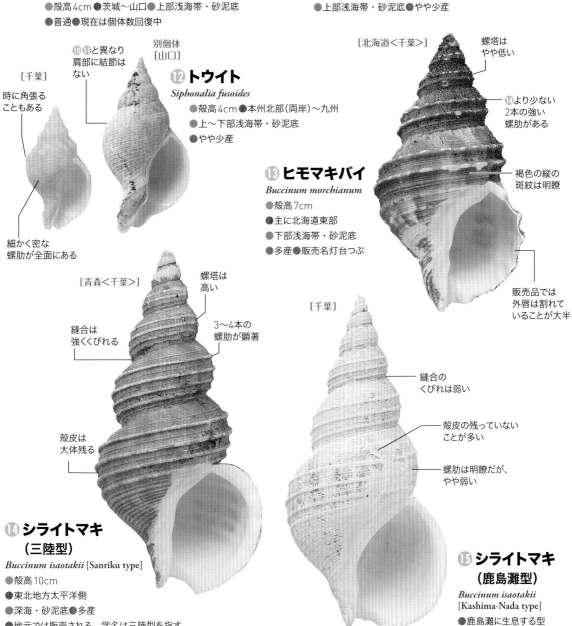

[千葉] 時に角張ることもある

⑩⑪と異なり肩部に結節はない　別個体[山口]

⑫ **トウイト**
Siphonalia fusoides
●殻高4cm●本州北部（両岸）〜九州
●上〜下部浅海帯・砂泥底
●やや少産

細かく密な螺肋が全面にある

[北海道<千葉>] 螺塔はやや低い

⑭より少ない2本の強い螺肋がある

褐色の縦の斑紋は明瞭

⑬ **ヒモマキバイ**
Buccinum morchianum
●殻高7cm
●主に北海道東部
●下部浅海帯・砂泥底
●多産●販売名灯台つぶ

販売品では外唇は割れていることが大半

[青森<千葉>] 螺塔は高い

縫合は強くくびれる　3〜4本の螺肋が顕著

殻皮は大体残る

[千葉] 縫合のくびれは弱い

殻皮の残っていないことが多い

螺肋は明瞭だが、やや弱い

⑭ **シライトマキ**
（三陸型）
Buccinum isaotakii [Sanriku type]
●殻高10cm
●東北地方太平洋側
●深海・砂泥底●多産
●地元では販売される。学名は三陸型を指す

⑮ **シライトマキ**
（鹿島灘型）
Buccinum isaotakii
[Kashima-Nada type]
●鹿島灘に生息する型

エゾバイ科
Buccinidae

0.8倍

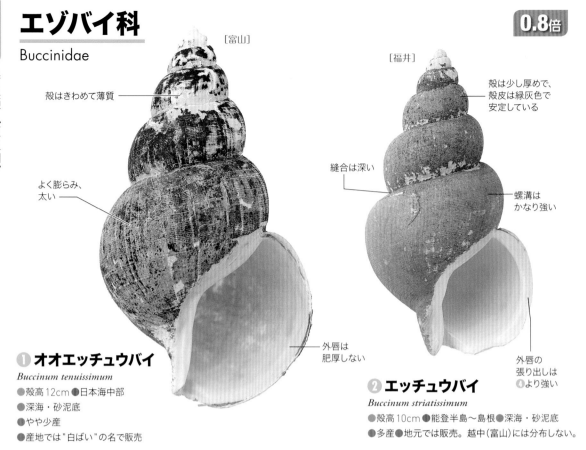

［富山］

殻はきわめて薄質

よく膨らみ、太い

❶ オオエッチュウバイ
Buccinum tenuissimum
- ●殻高 12cm ●日本海中部
- ●深海・砂泥底
- ●やや少産
- ●産地では"白ばい"の名で販売

外唇は肥厚しない

［福井］

殻は少し厚めで、殻皮は緑灰色で安定している

縫合は深い

螺溝はかなり強い

外唇の張り出しは❹より強い

❷ エッチュウバイ
Buccinum striatissimum
- ●殻高 10cm ●能登半島〜島根 ●深海・砂泥底
- ●多産 ●地元では販売。越中（富山）には分布しない。

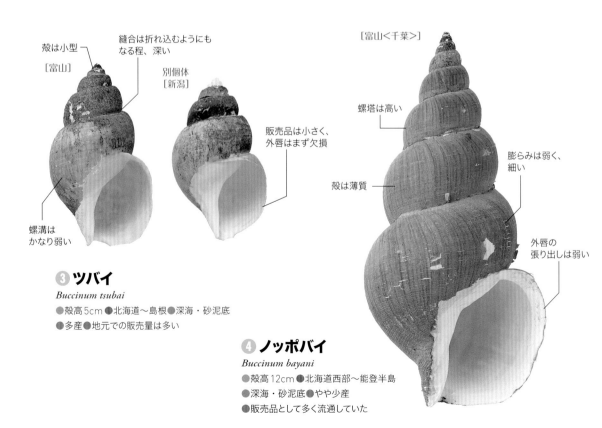

殻は小型

［富山］

縫合は折れ込むようにもなる程、深い

別個体
［新潟］

販売品は小さく、外唇はまず欠損

螺溝はかなり弱い

❸ ツバイ
Buccinum tsubai
- ●殻高 5cm ●北海道〜島根 ●深海・砂泥底
- ●多産 ●地元での販売量は多い

［富山＜千葉＞］

螺塔は高い

殻は薄質

膨らみは弱く、細い

外唇の張り出しは弱い

❹ ノッポバイ
Buccinum bayani
- ●殻高 12cm ●北海道西部〜能登半島
- ●深海・砂泥底 ●やや少産
- ●販売品として多く流通していた

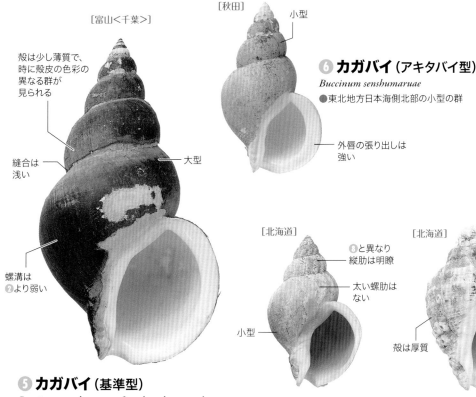

[富山＜千葉＞]

殻は少し薄質で、
時に殻皮の色彩の
異なる群が
見られる

縫合は
浅い

大型

螺溝は
❷より弱い

[秋田]

小型

❻ **カガバイ** (アキタバイ型)
Buccinum senshumaruae
●東北地方日本海側北部の小型の群

外唇の張り出しは
強い

❺ **カガバイ** (基準型)
Buccinum senshumaruae [southern large type]
●殻高10cm●東北地方日本海側〜能登半島
●深海・砂泥底●多産●地元では販売

[北海道]

❽と異なり
縦肋は明瞭

太い螺肋は
ない

小型

❼ **エゾバイ**
Buccinum middendorffii
●殻高5cm●主に北海道東部
●上部浅海帯・岩礁●多産
●磯つぶ等の名で呼ばれ、
販売量はきわめて多い

[北海道]

螺塔は低い

変異するが
太い螺肋が
ある

殻は厚質

外唇は
外側へ
張り出す

❽ **ヒメエゾバイ**
Buccinum mirandum
●異名コエゾバイ●殻高5cm
●主に北海道東部●上部浅海帯・岩礁
●多産●時に販売

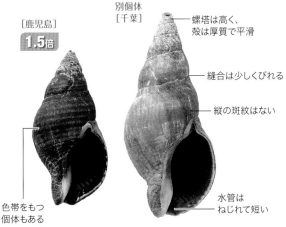

別個体
[千葉]

[鹿児島]
1.5倍

螺塔は高く、
殻は厚質で平滑

縫合は少しくびれる

縦の斑紋はない

色帯をもつ
個体もある

水管は
ねじれて短い

❾ **イソニナ**
Japeuthria ferrea
●殻高3cm●茨城・能登半島〜九州
●潮間帯中下部・岩礁底●多産

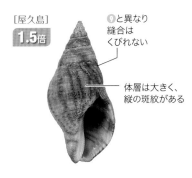

[屋久島]
1.5倍

❾と異なり
縫合は
くびれない

体層は大きく、
縦の斑紋がある

❿ **シマベッコウバイ**
Japeuthria cingulata
●殻高3cm●九州南部〜沖縄
●潮間帯中下部・岩礁底●普通

フトコロガイ科

Columbellidae

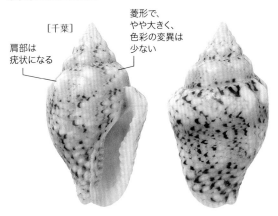

[千葉]

肩部は
疣状になる

菱形で、
やや大きく、
色彩の変異は
少ない

❶ フトコロガイ

Euplica atladona

●別名イボフトコロ●殻高10mm●房総半島・兵庫〜九州
●潮間帯下部〜潮下帯・岩礫底●多産

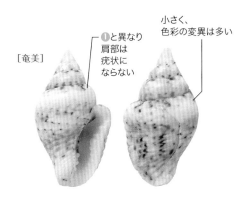

[奄美]

❶と異なり
肩部は
疣状に
ならない

小さく、
色彩の変異は多い

❷ ミナミフトコロガイ（新称）

Euplica scripta

●殻高8mm●紀伊半島・九州西岸〜沖縄
●潮間帯下部〜潮下帯・海草藻場●多産

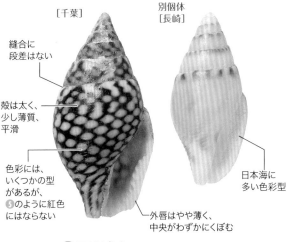

[千葉]

別個体
[長崎]

縫合に
段差はない

殻は太く、
少し薄質、
平滑

色彩には、
いくつかの型
があるが、
❺のように紅色
にはならない

外唇はやや薄く、
中央がわずかにくぼむ

日本海に
多い色彩型

❸ マツムシ *Pyrene tylerae*

●殻高12mm●房総・男鹿半島〜九州
●潮下帯・岩礫底●多産

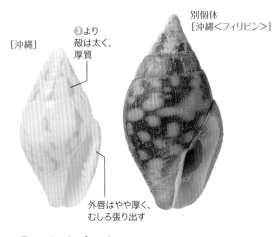

[沖縄]

❸より
殻は太く、
厚質

別個体
[沖縄＜フィリピン＞]

外唇はやや厚く、
むしろ張り出す

❹ フトオビニナ *Pyrene testudinaria*

●殻高12mm●奄美・沖縄●潮下帯・岩礫底●少産

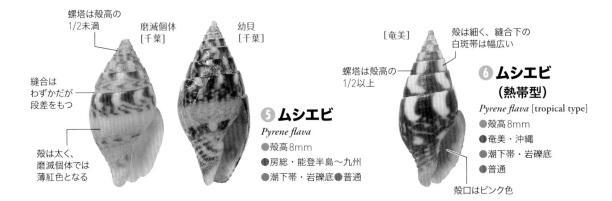

螺塔は殻高の
1/2未満

磨滅個体
[千葉]

幼貝
[千葉]

縫合は
わずかだが
段差をもつ

殻は太く、
磨滅個体では
薄紅色となる

❺ ムシエビ

Pyrene flava

●殻高8mm

●房総・能登半島〜九州

●潮下帯・岩礫底●普通

[奄美]

殻は細く、縫合下の
白斑帯は幅広い

螺塔は殻高の
1/2以上

❻ ムシエビ
（熱帯型）

Pyrene flava [tropical type]

●殻高8mm

●奄美・沖縄

●潮下帯・岩礫底

●普通

殻口はピンク色

3.0倍

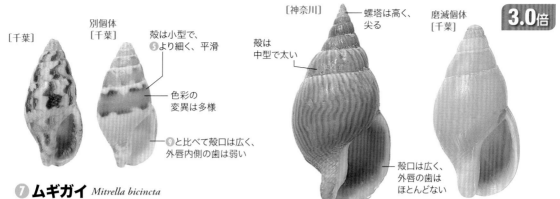

[千葉]　別個体
[千葉]

殻は小型で、❺より細く、平滑

色彩の変異は多様

❾と比べて殻口は広く、外唇内側の歯は弱い

[神奈川]　螺塔は高く、尖る

殻は中型で太い

磨滅個体
[千葉]

殻口は広く、外唇の歯はほとんどない

❼ ムギガイ *Mitrella bicincta*
●殻高8mm●北海道南部〜本州両岸〜九州
●潮下帯・岩礫底●多産

❽ コウダカマツムシ *Mitrella burchardi*
●殻高15mm●北海道〜瀬戸内海・兵庫
●潮下帯・岩礫底●北海道・東北地方太平洋岸では普通

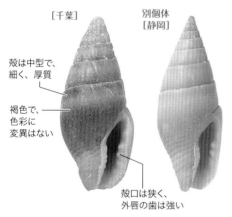

[千葉]　別個体
[静岡]

殻は中型で、細く、厚質

褐色で、色彩に変異はない

殻口は狭く、外唇の歯は強い

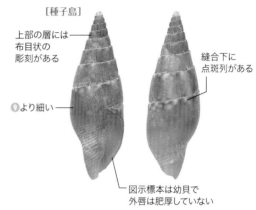

[種子島]

上部の層には布目状の彫刻がある

縫合下に点斑列がある

❾より細い

図示標本は幼貝で外唇は肥厚していない

❾ カムロガイ *Mitrella impolita*
●殻高12mm●茨城〜紀伊半島東岸
●潮下帯・岩礫底●やや少産

❿ カムロガイ (色斑型)
Mitrella impolita [white blotch type]
●殻高12mm●紀伊半島西岸〜大隅諸島
●潮下帯・岩礫底●少産

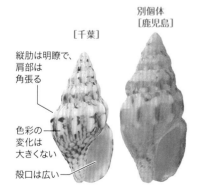

別個体
[鹿児島]

[千葉]

縦肋は明瞭で、肩部は角張る

色彩の変化は大きくない

殻口は広い

[長崎]　別個体
[長崎]

縦肋は⓫より弱く、ほとんど角張らない

[屋久島]　別個体
[八丈島]

黒点を欠くこともある

縦肋上に黒点がある以外は、半透明白色

⓫・⓬より小型

⓫ ボサツガイ
Anachis miser miser
●殻高12mm
●房総半島〜九州北岸
●潮下帯・岩礫底●普通

⓬ ボサツガイ
（ショウボサツ型）
Anachis miser miser [polynyma type]
●殻高12mm●男鹿半島〜山口
●潮下帯・岩礫底●普通
●日本海側の色彩型

⓭ クロフボサツ
Anachis miser nigromaculata
●殻高10mm
●伊豆諸島、大隅諸島〜奄美
●潮下帯・岩礫底●少産

オリイレヨフバイ科

Nassariidae

2.0倍

巻貝類（腹足綱）

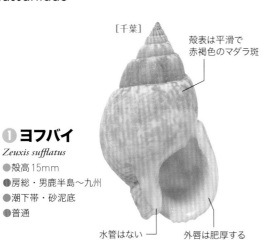

［千葉］

殻表は平滑で赤褐色のマダラ斑

❶ ヨフバイ

Zeuxis sufflatus

●殻高15mm
●房総・男鹿半島〜九州
●潮下帯・砂泥底
●普通

水管はない

外唇は肥厚する

［和歌山］

この科では大型

縫合は折れ込む

薄い赤紫色の地に、❶と異なり細い褐色線がある

❷ キンシバイ

Zeuxis nipponensis

●殻高3.5cm
●房総半島・山口〜九州
●上部浅海帯・砂泥底
●少産

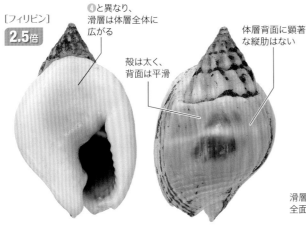

［フィリピン］
2.5倍

❹と異なり、滑層は体層全体に広がる

殻は太く、背面は平滑

体層背面に顕著な縦肋はない

❸ オオカニノテムシロ

Plicarcularia pullus

●殻高15mm●沖縄●潮間帯下部・砂泥底
●日本では極めて稀●日本から報告された本種のほとんどは誤同定

［高知］
2.5倍

螺塔は高い

殻は細く、背面には明瞭な縦肋がある

滑層は体層の全面に広がらない

❹ カニノテムシロ

Plicarcularia bellula

●殻高15mm●紀伊半島・九州西岸〜沖縄●潮間帯・
砂泥底●やや少産●沖積産化石はより北まで見られる

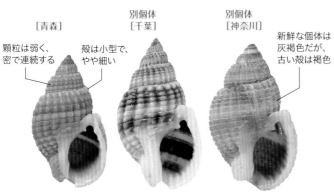

［青森］

顆粒は弱く、密で連続する

殻は小型で、やや細い

別個体［千葉］

別個体［神奈川］

新鮮な個体は灰褐色だが、古い殻は褐色

❺ ムシロガイ *Niotha livescens*

●殻高15mm ●三陸・陸奥湾〜九州
●潮下帯・砂泥底●普通、以前は多産

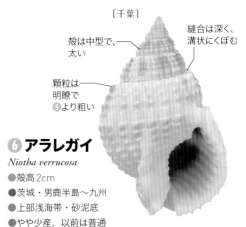

［千葉］

殻は中型で、太い

縫合は深く、溝状にくぼむ

顆粒は明瞭で❺より粗い

❻ アラレガイ

Niotha verrucosa

●殻高2cm
●茨城・男鹿半島〜九州
●上部浅海帯・砂泥底
●やや少産、以前は普通

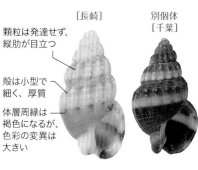

[長崎]　別個体[千葉]

顆粒は発達せず、縦肋が目立つ

殻は小型で細く、厚質

体層周縁は褐色になるが、色彩の変異は大きい

❼ クロスジムシロ
Reticunassa fratercula
●殻高10mm
●北海道〜本州両岸〜九州
●潮間帯下部・砂礫底●普通

[千葉]　別個体[千葉]

黄色の色彩型もある

灰色がかった色彩

❽ アラムシロ
Niotha festiva
●殻高15mm
●北海道南部〜本州両岸〜九州、沖縄
●内湾の潮間帯中下部・砂泥底
●多産。沖縄では稀

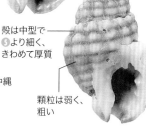

磨滅個体[千葉]

殻は中型で❺より細く、きわめて厚質

顆粒は弱く、粗い

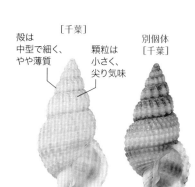

[千葉]　別個体[千葉]　幼貝[千葉]

殻は中型で細く、やや薄質

顆粒は小さく、尖り気味

外唇は厚くならない

❾ キヌボラ
Reticunassa japonica
●殻高15mm ●三陸・能登半島〜九州
●潮下帯・砂泥底●普通

[長崎]　別個体[神奈川]

❾と異なり肋は丸い顆粒からなる

殻はかなり小型で細く、やや厚質

❿ ワカモノヒメムシロ（新称）
Reticunassa dominula
●殻高8mm ●房総半島〜九州西岸
●やや外海の潮下帯・砂泥底●少産
●ヒメムシロとほぼ同所的に見られることもある

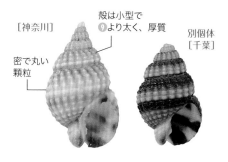

[神奈川]　別個体[千葉]

殻は小型で❾より太く、厚質

密で丸い顆粒

⓫ ヒメムシロ
Reticunassa multigranosa
●殻高10mm ●北海道南西部〜本州両岸〜九州
●やや外海の潮下帯・砂泥底●普通

別個体[千葉<沖積産化石>]　6.0倍

[千葉<沖積産化石>]

殻は❾⓫よりきわめて小型でやや太い

肋は少し粗く、顆粒は尖る

⓬ チビムシロ
Reticunassa chibi
●殻高5mm ●東京湾(沖積産)〜九州
●やや内湾の潮下帯・砂泥底●稀

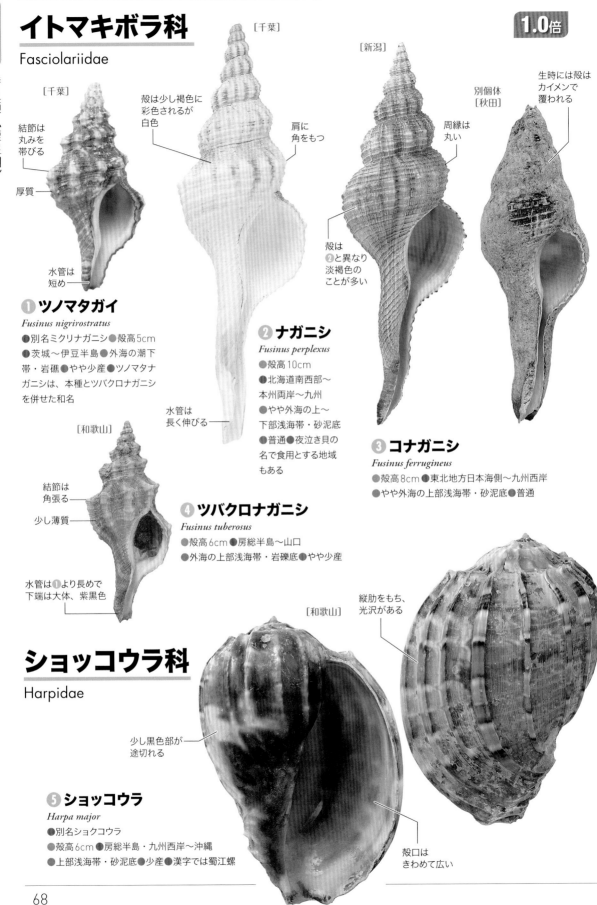

イトマキボラ科

Fasciolariidae

[千葉]

[千葉]

[新潟]

[秋田] 別個体

結節は
丸みを
帯びる

厚質

殻は少し褐色に
彩色されるが
白色

肩に
角をもつ

水管は
短め

周縁は
丸い

殻は
❷と異なり
淡褐色の
ことが多い

生時には殻は
カイメンで
覆われる

❶ ツノマタガイ

Fusinus nigrirostratus

●別名ミクリナガニシ●殻高5cm
●茨城〜伊豆半島●外海の潮下
帯・岩礁●やや少産●ツノマタナ
ガニシは、本種とツバクロナガニシ
を併せた和名

❷ ナガニシ

Fusinus perplexus

●殻高10cm
●北海道南西部〜
本州両岸〜九州
●やや外海の上〜
下部浅海帯・砂泥底
●普通●夜泣き貝の
名で食用とする地域
もある

水管は
長く伸びる

❸ コナガニシ

Fusinus ferrugineus

●殻高8cm●東北地方日本海側〜九州西岸
●やや外海の上部浅海帯・砂泥底●普通

[和歌山]

結節は
角張る

少し薄質

水管は❶より長めで
下端は大体、紫黒色

❹ ツバクロナガニシ

Fusinus tuberosus

●殻高6cm●房総半島〜山口
●外海の上部浅海帯・岩礁底●やや少産

ショッコウラ科

Harpidae

縦肋をもち、
光沢がある

[和歌山]

少し黒色部が
途切れる

❺ ショッコウラ

Harpa major

●別名ショクコウラ
●殻高6cm●房総半島・九州西岸〜沖縄
●上部浅海帯・砂泥底●少産●漢字では蜀江螺

殻口は
きわめて広い

フデガイ科

Mitridae

1.0倍

巻貝類（腹足綱）

[千葉]

褐色の格子目状の
斑紋

[フィリピン]

❻ チョウセンフデ

Mitra (Mitra) mitra
- 殻高 12cm
- 奄美・沖縄
- 潮下帯・砂泥底
- やや少産
- 朝鮮半島には分布
しない

幼貝
[フィリピン]
❾より太い

外唇は薄い

❽ フデガイ

Mitra inquinata
- 殻高 5cm
- 房総・男鹿半島〜九州
- 上〜下部浅海帯・砂泥底
- やや少産

表面は平滑で
ダイダイ色の
点斑列がある

軸唇に
褶がある

[フィリピン]

❻の1/2のサイズ

❾ ヒメチョウセンフデ

Mitra (Mitra) episcopalis
- 殻高 6cm ● 奄美・沖縄
- 潮下帯・砂泥底 ● やや少産

外唇は少し厚くなる

螺塔は
高い

縫合下に
白帯がある

殻は細く、
褐色

螺塔は
❿より低い

体層上部に
白帯

黒褐色で磨滅しても
およそ同色

❿❶と異なり
白帯は途切れる

底部にも
白斑列

磨滅すると
うすくなる褐色

[千葉]

1.5倍

❿ ヒメオビフデ

Nebularia luctuosa
- 異名ヒメクリイロヤタテ
- 殻高 2.5cm ● 房総半島〜沖縄
- 潮下帯・岩礁底 ● やや少産

[八丈島]

1.5倍

⓫ ヒメヤタテ

Strigatella auriculoides
- 殻高 15mm ● 房総半島〜沖縄
- 潮下帯・岩礁底 ● やや少産

[千葉]

1.5倍

⓬ ヤタテガイ

Strigatella scutulata
- 殻高 3cm ● 房総半島・山口〜沖縄
- 潮下帯・岩礁底 ● やや少産

ミノムシガイ科

2.0倍

Costellariidae

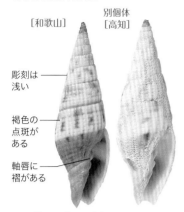

[和歌山]　別個体[高知]

彫刻は浅い

褐色の点斑がある

軸唇に褶がある

❶ ツクシガイ

Vexillum（Uromitra）fuscoapicatum

●殻高2.5cm ●房総半島〜九州西岸
●上〜下部浅海帯・砂礫底 ●少産

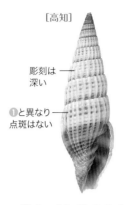

[高知]

彫刻は深い

❶と異なり点斑はない

❷ ヒメトサツクシ

Vexillum（Uromitra）ractilateralis

●殻高2.5cm ●房総半島〜九州西岸
●上部浅海帯・砂礫底 ●やや少産
●ツクシガイの名で図示されたり、ヌノメツクシとされることもある。古く命名された和名を採用した。

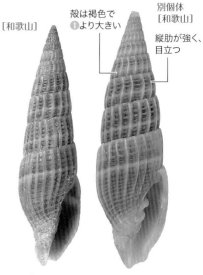

[和歌山]　殻は褐色で❶より大きい　別個体[和歌山]　縦肋が強く、目立つ

❸ トサツクシ

Vexillum（Uromitra）subtruncatum

●殻高3cm ●房総半島〜九州西岸
●上〜下部浅海帯・砂礫底 ●少産
●オオツクシとされることもある。古く命名された和名を採用した。

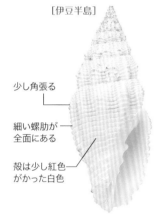

[伊豆半島]

少し角張る

細い螺肋が全面にある

殻は少し紅色がかった白色

❹ ベニオトメフデ

Pusia rustica

●殻高2.5cm ●房総半島〜沖縄
●上部浅海帯・砂礫底 ●やや少産

[和歌山]　磨滅個体[千葉]　磨滅すると褐色

縦肋は強い

白帯と、その上部は黄色の点状

❺ シマオトメフデ

Pusia discoloria

●殻高10mm ●房総半島〜九州西岸
●潮下帯・岩礫底 ●普通

3.0倍

[鹿児島]　磨滅個体[千葉]

縦肋は❺より弱い

白帯は明瞭

磨滅すると灰緑褐色

3.0倍

❻ ハマオトメフデ

Pusia sp.

●殻高12mm ●房総半島〜九州西岸
●潮下帯・岩礫底 ●普通

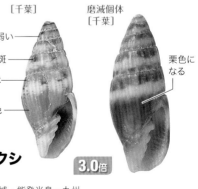

[千葉]　磨滅個体[千葉]

縦肋は❺❻より弱い

不明瞭は点斑

白帯の上下には凹凸がある

灰緑褐色

栗色になる

❼ ヒゼンツクシ

Pusia hizenensis

●殻高10mm ●茨城・能登半島〜九州
●潮下帯・岩礫底 ●普通

3.0倍

マクラガイ科

Olividae

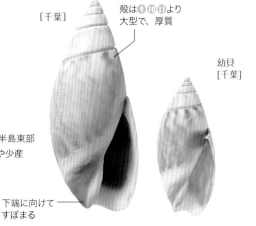

[千葉]

殻は❾❿⓫より
大型で、厚質

幼貝
[千葉]

❽ ホタルガイ

Olivella japonica

●殻高 2cm

●北海道南部〜三陸〜紀伊半島東部

●外海の潮下帯・砂底●やや少産

下端に向けて
すぼまる

[神奈川]　別個体
[千葉]

かなり薄質で、
螺塔が高い

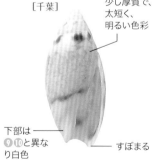

下部は
末広がりのように
見える

❾ ムシボタル

Olivella fulgurata

●殻高 8mm●本州北端（両岸）〜九州

●やや外海の潮下帯・砂底●多産

[岩手]　別個体
[岩手]

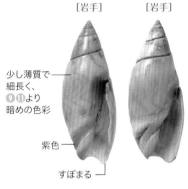

少し薄質で
細長く、
❾⓫より
暗めの色彩

紫色

すぼまる

❿ ハナアヤメ

Olivella signata

●殻高 10mm

●三陸〜九州

●やや内湾の潮下帯・砂泥底

●少産

[千葉]

少し厚質で、
太短く、
明るい色彩

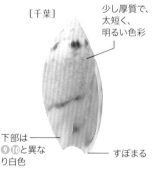

下部は
❾❿と異な
り白色

すぼまる

⓫ ササノミ

Olivella spreta

●殻高 8mm●房総半島〜九州

●外海の潮下帯・砂礫底●普通

螺塔は
低いが明らか

[鹿児島]

ジグザグ模様で、
変異は少ない

内唇は
きざまれる

⓬ マクラガイ

Oliva mustelina

●殻高 3.5cm

●房総・男鹿半島〜九州

●潮下帯・砂底●少産

71

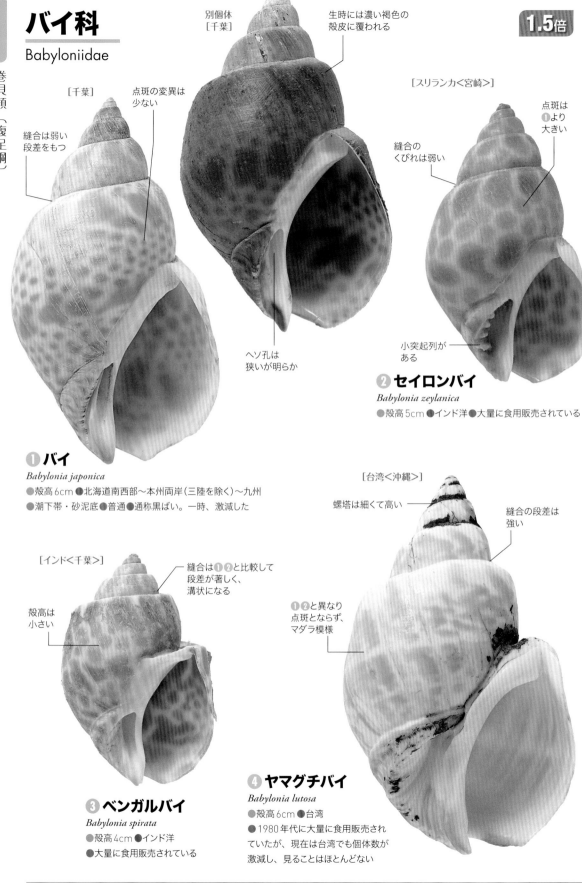

バイ科
Babyloniidae

1.5倍

[千葉]

縫合は弱い
段差をもつ

点斑の変異は
少ない

別個体
[千葉]

生時には濃い褐色の
殻皮に覆われる

ヘソ孔は
狭いが明らか

[スリランカ<宮崎>]

縫合の
くびれは弱い

点斑は
❶より
大きい

小突起列が
ある

❷ セイロンバイ
Babylonia zeylanica
●殻高5cm ●インド洋 ●大量に食用販売されている

❶ バイ
Babylonia japonica
●殻高6cm ●北海道南西部〜本州両岸（三陸を除く）〜九州
●潮下帯・砂泥底 ●普通 ●通称黒ばい。一時、激減した

[インド<千葉>]

殻高は
小さい

縫合は❶❷と比較して
段差が著しく、
溝状になる

❸ ベンガルバイ
Babylonia spirata
●殻高4cm ●インド洋
●大量に食用販売されている

[台湾<沖縄>]

螺塔は細くて高い

縫合の段差は
強い

❶❷と異なり
点斑とならず、
マダラ模様

❹ ヤマグチバイ
Babylonia lutosa
●殻高6cm ●台湾
●1980年代に大量に食用販売され
ていたが、現在は台湾でも個体数が
激減し、見ることはほとんどない

ヒタチオビ科

Volutidae

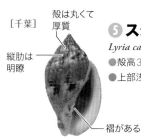

[千葉]

殻は丸くて厚質

縦肋は明瞭

褶がある

⑤ スジボラ

Lyria cassidula

●殻高3cm ●房総・能登半島〜九州

●上部浅海帯・砂礫底 ●やや稀産

⑥ ヒタチオビ

Fulgoraria (Psephaea) megaspira prevostiana

●異名ホンヒタチオビ ●殻高8cm

●房総半島周辺 ●深海・砂泥底 ●やや少産

縦肋がある

[千葉] **0.5倍**

殻はやや厚く、細長い

3本の褐色帯

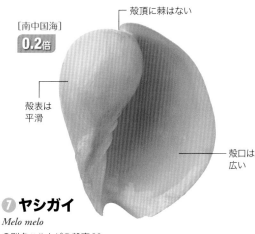

殻頂に棘はない

[南中国海] **0.2倍**

殻表は平滑

殻口は広い

⑦ ヤシガイ

Melo melo

●別名ハルカゼ ●殻高20cm

●九州西岸 ●下部浅海帯・砂泥底

●極めて稀産 ●南中国海に分布する種だが、近年、天草の刺網漁で生貝が採集された

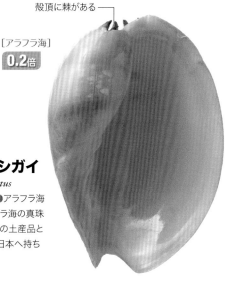

⑦と異なり殻頂に棘がある

[アラフラ海] **0.2倍**

⑧ ツノヤシガイ

Melo umbilicatus

●殻高30cm ●アラフラ海

●戦前にアラフラ海の真珠貝採集ダイバーの土産品としてかなり多く日本へ持ち込まれた

コロモガイ科

Cancellariidae

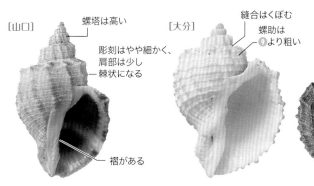

[山口]

螺塔は高い

彫刻はやや細かく、肩部は少し棘状になる

褶がある

[大分]

縫合はくぼむ

螺肋は⑨より粗い

別個体 [新潟]

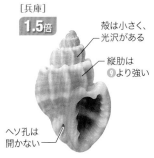

[兵庫] **1.5倍**

殻は小さく、光沢がある

縦肋は⑨より強い

ヘソ孔は開かない

⑨ コロモガイ

Cancellaria (Sydaphera) spengleriana

●殻高5cm ●仙台湾・男鹿半島〜九州

●上部浅海帯・砂泥底 ●普通

⑩ トカシオリイレ

Cancellaria (Habesolatia) nodulifera

●殻高5cm ●三陸・男鹿半島〜九州

●上部浅海帯・砂泥底 ●やや少産

⑪ オリイレボラ

Scalptia (Trigonaphera) bocageana

●殻高2.5cm ●紀伊半島〜九州北岸

●上部浅海帯・砂泥底 ●やや稀産

ツノクダマキ科
Drilliidae

[千葉]

2.0倍

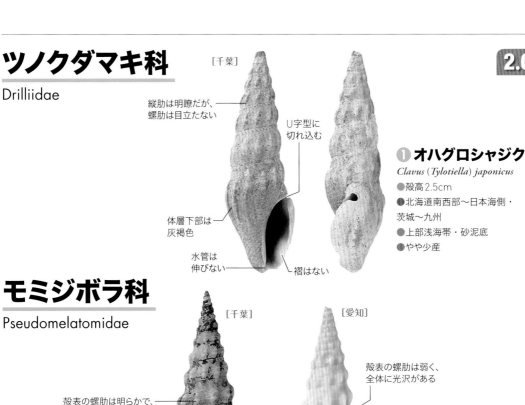

縦肋は明瞭だが、螺肋は目立たない

U字型に切れ込む

体層下部は灰褐色

水管は伸びない

褶はない

❶ オハグロシャジク
Clavus (Tylotiella) japonicus
- 殻高2.5cm
- 北海道南西部〜日本海側・茨城〜九州
- 上部浅海帯・砂泥底
- やや少産

モミジボラ科
Pseudomelatomidae

[千葉]

殻表の螺肋は明らかで、表面の光沢はごく弱い

浅くくぼむ

❷ モミジボラ
Inquisitor jeffreysii
- 殻高5cm
- 北海道南西部〜本州両岸〜九州
- 上部浅海帯・砂泥底
- 普通

水管は❶より少し伸びる

[愛知]

殻表の螺肋は弱く、全体に光沢がある

❸ ミガキモミジボラ
Inquisitor vulpionis
- 殻高3cm
- 房総・男鹿半島〜九州
- やや外海の上部浅海帯・砂泥底
- 少産

通常❷より小さい

クダマキガイ科
Turridae

[長崎]

U字型に切れ込む

螺肋は明瞭で、肩部のものが強く、マダラ斑

ツヤシャジク科
Horaiclavidae

❶と異なり肩部に尖った結節

[千葉]

❹ イボヒメシャジク
Paradrillia inconstans
- 殻高12mm
- 三陸・男鹿半島〜九州
- やや内湾の上部浅海帯・砂泥底
- やや少産

水管は伸びない

❺ マダラクダマキ
Lophioturris bulowi
- 殻高5cm
- 相模湾・男鹿半島〜九州
- やや内湾の上〜下部浅海帯・砂泥底●少産

水管は伸びる

タケノコガイ科

Terebridae

[千葉]

殻は小型で、彫刻はなく、光沢がある

❽とは異なり1列の点斑と白帯がある

❻ シチクガイ

Hastula nipponensis

●殻高3cm
●房総・能登半島〜九州
●外海の潮下帯・砂底
●やや少産

[静岡]

❼ トクサガイ

Brevimyurella japonica

●別名ヒメトクサ●殻高4cm
●茨城・男鹿半島〜大隅諸島
●やや内湾の潮下帯・砂泥底
●普通

❻と異なり縦肋は明らかで、螺肋はなく、光沢がある

下半が褐色になる

[高知]

1.5倍

❽ タケノコガイ

Terebra subulata

●殻高8cm
●紀伊半島〜沖縄
●潮下帯・砂泥底
●少産

殻は大型で彫刻はなく、光沢がある

体層には3列の黒点列

[宮崎]

縫合下の肋は太く、弱い顆粒状

中央部は細い螺肋のみで、❼のような縦肋はない

淡褐色のまだら模様

❾ ツクシタケ

Cinguloterebra mariesi

●異名レベックタケ●殻高4cm
●房総・男鹿半島〜九州
●外海の潮下帯・砂底
●やや少産●ヒメキリガイを使う見解もある

[三重]

縫合下の肋は太く、❾より強めの顆粒状

❿ ヤスリギリ

Cinguloterebra torquata

●殻高5cm
●房総・能登半島〜九州
●やや外海の上〜下部浅海帯・砂泥底●少産
●打上がることはなく、浚渫堆積物で得られる

中央部の肋はやや太く、顆粒状になる

色斑は通常不明瞭

[千葉]

縫合下の肋は強く、顆粒状

殻は❿より小型で、色斑は目立たない

[三重]

⓭より彫刻は粗い

殻は厚質で色斑はない

明瞭に溝状になる

[愛知]

螺肋のみ存在

殻は⓭⓮より薄質で、縫合下に点斑がある以外は淡褐色

[千葉]

彫刻は弱い

溝状になるが不明瞭

⓫ イボヒメトクサ

Granuliterebra bathyrhaphe

●殻高3cm
●茨城・男鹿半島〜九州
●内湾の潮下帯・砂泥底
●やや少産
●浚渫堆積物で得られる

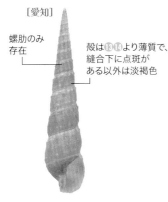

⓬ ホソコゲチャタケ

Pristiterebra pustulosa

●別名ヒメコゲチャタケ●殻高3cm
●宮城〜九州●外海の上部浅海帯・砂底
●やや少産●打上がる場所は限られる

⓭ コゲチャタケ

Pristiterebra tsuboiana

●殻高5cm●宮城〜相模湾
●外海の潮下帯・砂底●やや少産

⓮ オオコゲチャタケ

Pristiterebra bifrons

●殻高5cm●房総半島〜九州
●外海の潮下帯・砂底●少産

イモガイ科
Conidae

1.0倍

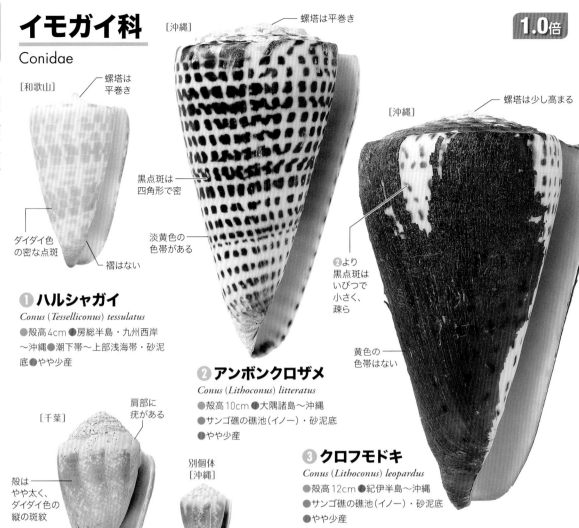

［沖縄］ — 螺塔は平巻き

［和歌山］ — 螺塔は平巻き

ダイダイ色の密な点斑

褶はない

黒点斑は四角形で密

淡黄色の色帯がある

［沖縄］ — 螺塔は少し高まる

❷より黒点斑はいびつで小さく、疎ら

黄色の色帯はない

❶ ハルシャガイ
Conus (Tesselliconus) tessulatus
●殻高4cm ●房総半島・九州西岸〜沖縄●潮下帯〜上部浅海帯・砂泥底●やや少産

❷ アンボンクロザメ
Conus (Lithoconus) litteratus
●殻高10cm ●大隅諸島〜沖縄
●サンゴ礁の礁池(イノー)・砂泥底
●やや少産

❸ クロフモドキ
Conus (Lithoconus) leopardus
●殻高12cm ●紀伊半島〜沖縄
●サンゴ礁の礁池(イノー)・砂泥底
●やや少産

［千葉］ — 肩部に疣がある

殻はやや太く、ダイダイ色の縦の斑紋

別個体［沖縄］

南では小型

❹ サヤガタイモ
Conus (Virroconus) fulgetrum
●殻高3cm ●福島・山口〜沖縄●潮間帯中部〜潮下帯・岩礁
●普通●房総半島等の北端域では大型になる

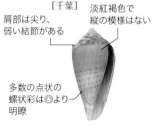

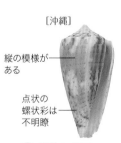

［千葉］ — 螺塔はやや高く、側面は直線的

肩は丸い

別個体［千葉］

淡い紫色の地に褐色の不定形の斑紋

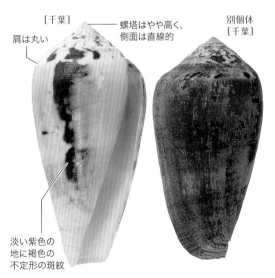

［千葉］
肩部は尖り、弱い結節がある

淡紅褐色で縦の模様はない

多数の点状の螺状彩は❻より明瞭

［沖縄］
縦の模様がある

点状の螺状彩は不明瞭

❺ ベニイモ
Conus (Splinoconus) pauperculus
●殻高3cm
●房総半島・兵庫〜大隅諸島
●潮下帯・岩礁底●やや少産

❻ ツヤイモ
Conus (Splinoconus) boeticus
●殻高3cm ●大隅諸島〜沖縄
●潮下帯・砂礫底●やや少産

❼ ベッコウイモ
Conus (Chelyconus) fulmen
●殻高5cm ●房総半島・山口〜九州●潮下帯・岩礁底
●普通●一時、激減したが、回復しつつある

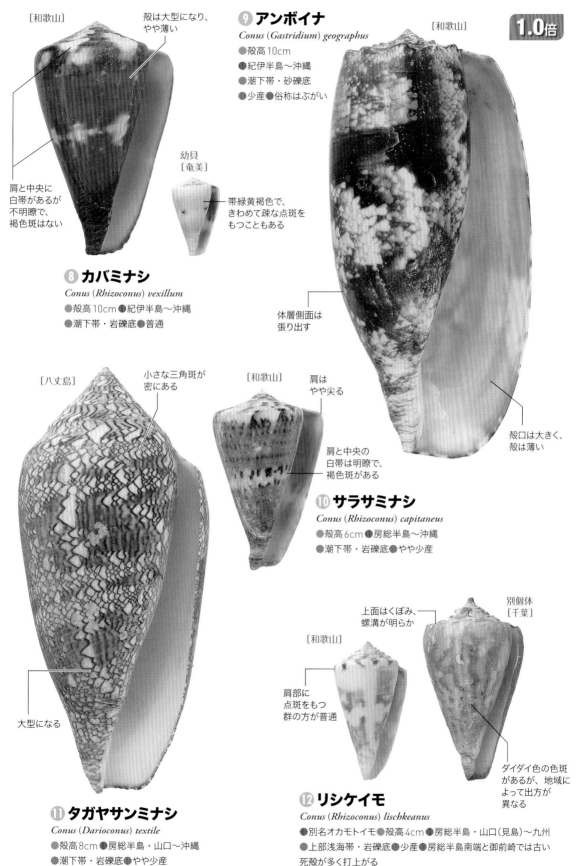

[和歌山]

殻は大型になり、
やや薄い

⑨ アンボイナ
Conus (Gastridium) geographus
- ●殻高10cm
- ●紀伊半島〜沖縄
- ●潮下帯・砂礫底
- ●少産●俗称はぶがい

[和歌山]

1.0倍

肩と中央に
白帯があるが
不明瞭で、
褐色斑はない

幼貝
[奄美]

帯緑黄褐色で、
きわめて疎な点斑を
もつこともある

⑧ カバミナシ
Conus (Rhizoconus) vexillum
- ●殻高10cm●紀伊半島〜沖縄
- ●潮下帯・岩礫底●普通

体層側面は
張り出す

[八丈島]

小さな三角斑が
密にある

[和歌山]

肩は
やや尖る

殻口は大きく、
殻は薄い

肩と中央の
白帯は明瞭で、
褐色斑がある

⑩ サラサミナシ
Conus (Rhizoconus) capitaneus
- ●殻高6cm●房総半島〜沖縄
- ●潮下帯・岩礫底●やや少産

上面はくぼみ、
螺溝が明らか

別個体
[千葉]

[和歌山]

肩部に
点斑をもつ
群の方が普通

大型になる

ダイダイ色の色斑
があるが、地域に
よって出方が
異なる

⑪ タガヤサンミナシ
Conus (Darioconus) textile
- ●殻高8cm●房総半島・山口〜沖縄
- ●潮下帯・岩礫底●やや少産

⑫ リシケイモ
Conus (Rhizoconus) lischkeanus
- ●別名オカモトイモ●殻高4cm●房総半島・山口(見島)〜九州
- ●上部浅海帯・岩礫底●少産●房総半島南端と御前崎では古い
死殻が多く打上がる

クルマガイ科
Architectonicidae

2.0倍

[千葉]
1.0倍

体層に肋はなく平滑

縫合下は
連続した
濃褐色の色帯

巻き数は多い

❶ クロスジグルマ
Architectonica perspectiva
●殻径4cm ●房総半島・山口（見島）〜沖縄
●潮下帯・砂底 ●少産

[和歌山]
螺塔は低い

ヘソ孔周囲の肋は
少し幅広で
強く区分される

縫合下の褐色彩は
放射状に広がる

底面は
少し膨らみ気味

❷ コグルマ
Psilaxis radiatus
●殻径12mm ●房総半島〜沖縄
●潮下帯・砂礫底 ●やや少産

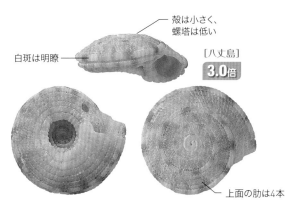

殻は小さく、
螺塔は低い

白斑は明瞭

[八丈島]
3.0倍

上面の肋は4本

❸ クリイロナワメグルマ
Heliacus (*Torinista*) *implexus*
●殻径8mm ●伊豆諸島、奄美・沖縄
●潮下帯・岩礁底 ●少産

螺塔は高い

[和歌山]

ヘソ孔周囲の
肋は❷より狭く、
区分は弱い

周縁に白斑があり、
他は濃褐色

底面は
やや平坦

❹ コシダカグルマ
Psilaxis layardi
●殻径12mm ●房総半島〜紀伊半島東岸
●潮下帯・砂礫底 ●やや少産

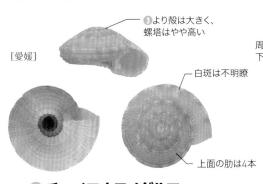

❸より殻は大きく、
螺塔はやや高い

[愛媛]

白斑は不明瞭

上面の肋は4本

❺ チャイロナワメグルマ
Heliacus (*Torinista*) sp.
●殻径12mm ●房総半島・兵庫〜九州 ●潮下帯・岩礁底
●やや少産 ●クリイロナワメグルマと同種という見解もある

別個体
[沖縄]

南の群では
顆粒は強い

[高知]

周縁の2本の肋のうち、
下部のものもやや強い

上面の肋は3本

❻ ヒクナワメグルマ
Heliacus (*Heliacus*) *variegatus*
●殻径12mm ●紀伊半島〜沖縄
●潮下帯・岩礁 ●やや少産

トウガタガイ科
Pyramidellidae

2.0倍

❼ クチキレガイ
Tiberia pulchella
●殻高12mm●北海道南西部〜本州両岸〜九州
●やや内湾の潮下帯・砂泥底●普通●過去には多産

[千葉]

褐色で、細い色帯がある

軸唇に褶がある

[千葉]

❼と異なり巻き数は多く、色帯はない

殻表は平滑

褶がある

❽ チャイロクチキレ
Syrnola crocata
●殻高2cm●房総・男鹿半島〜九州
●潮下帯・砂礫底●やや少産

[愛媛]

縦肋は垂直で、数が多い

外唇は肥厚する

褶はない

❾ チョウジガイ
Mormula philippiana
●殻高12mm●房総・男鹿半島〜九州
●潮下帯・砂礫底●やや少産

[宮崎]

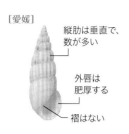

多数の螺溝がある

褶はない

❿ ヒメゴウナ
Monotygma eximia
●殻高2cm●房総・男鹿半島〜九州●潮下帯・砂泥底●やや少産

[千葉]

殻は小さく、白色半透明

縫合下の螺溝は深く明瞭で、中央の螺溝と離れる

⓫ ミスジヨコイトカケギリ
Cingulina triarata
●殻高8mm●三陸・佐渡〜九州
●潮下帯・砂泥底●普通●類似種が多い

⓬ シロイトカケギリ
Turbonilla candida
●殻高8mm●三陸・佐渡島〜九州
●潮下帯・砂泥底●やや少産
●類似種が多い

[千葉]

別個体[三重]

殻は微小で、細長く、白色

縦肋は斜めで、数が多い

軸唇に褶はない

3.0倍

オオシイノミガイ科
Acteonidae

⓭ オオシイノミガイ
Acteon siebaldii
●殻高15mm
●房総半島〜九州北部
●潮下帯・砂泥底●少産

[千葉]

2.5倍

殻はやや薄く、2本の濃淡のある褐色帯

細かい螺溝がある

褶は明らか

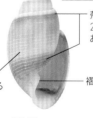

[鹿児島]
2.5倍

殻は厚質で縫合はくびれない

黒斑はやや疎らで縦に並ぶ

⓮ コシイノミガイ
Pupa strigosa
●殻高12mm●福島・能登半島〜九州●潮下帯・砂泥底
●やや少産●以前は普通

[愛媛]
2.5倍

殻はやや薄質で、縫合はくびれる

縦に並ぶ黒斑は⓮より密

⓯ アサグモキジビキガイ
Japonactaeon sp.
●殻高12mm●房総半島〜九州
●やや外海の潮下帯・砂底●少産

[千葉]
2.5倍

殻はやや薄質で、縫合のくびれは弱い

縫合下に白帯があり、⓮⓭と異なり体層は点斑となりにくい

⓰ ムラクモキジビキガイ
Japonactaeon nipponensis
●殻高8mm●房総半島・若狭湾〜九州
●内湾の潮間帯下部〜潮下帯・砂泥底
●少産

ミスガイ科

Hydatinidae

2.0倍

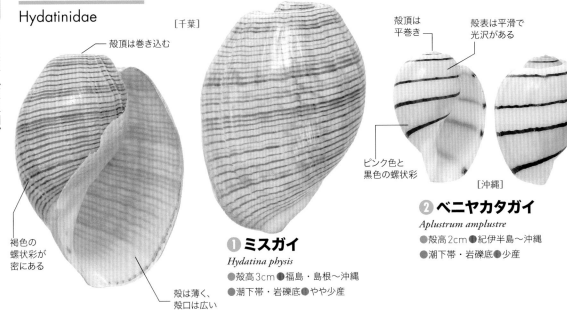

［千葉］

殻頂は巻き込む

殻頂は
平巻き

殻表は平滑で
光沢がある

［沖縄］

褐色の
螺状彩が
密にある

殻は薄く、
殻口は広い

ピンク色と
黒色の螺状彩

❷ ベニヤカタガイ

Aplustrum amplustre

●殻高2cm ●紀伊半島〜沖縄
●潮下帯・岩礁底 ●少産

❶ ミスガイ

Hydatina physis

●殻高3cm ●福島・島根〜沖縄
●潮下帯・岩礁底 ●やや少産

ベニシボリ科

Bullinidae

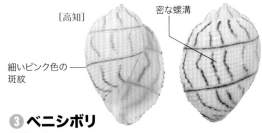

［高知］

密な螺溝

細いピンク色の
斑紋

❸ ベニシボリ

Bullina lineata

●殻高12mm ●房総半島・山口〜沖縄
●潮下帯・岩礁底 ●少産

マメウラシマ科

Ringiculidae

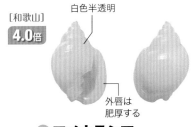

［和歌山］
4.0倍

白色半透明

外唇は
肥厚する

❹ マメウラシマ

Ringiculina doliaris

●殻高4mm ●北海道南部〜本州両岸〜九州
●潮下帯・砂泥底 ●やや少産

スイフガイ科

Cylichnidae

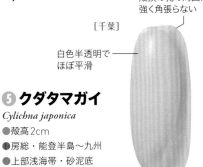

殻頂の孔の周囲は
強く角張らない

［千葉］

白色半透明で
ほぼ平滑

❺ クダタマガイ

Cylichna japonica

●殻高2cm
●房総・能登半島〜九州
●上部浅海帯・砂泥底
●やや少産

ブドウガイ科

Haminoeidae

❻ ブドウガイ

Haminoea japonica

●殻高12mm
●北海道南部〜本州両岸〜九州
●潮間帯中下部〜潮下帯・岩礁底
●多産

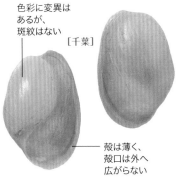

色彩に変異は
あるが、
斑紋はない

［千葉］

殻は薄く、
殻口は外へ
広がらない

ナツメガイ科
Bullidae

[愛媛]

2.0倍

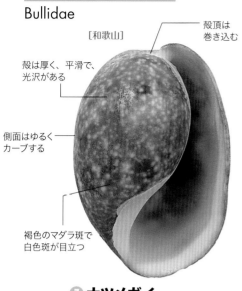

[和歌山]

殻頂は
巻き込む

殻は厚く、平滑で、
光沢がある

側面はゆるく
カーブする

褐色のマダラ斑で
白色斑が目立つ

❼ ナツメガイ

Bulla vernicosa

●殻高 2.5cm ●房総半島・島根〜沖縄
●潮下帯・岩礁間砂底 ●普通

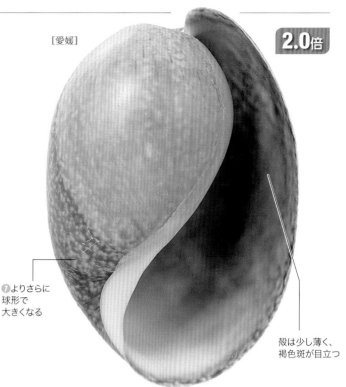

❼よりさらに
球形で
大きくなる

殻は少し薄く、
褐色斑が目立つ

❽ タイワンナツメ *Bulla ampulla*
●殻高 3.5cm ●愛媛〜九州 ●やや内湾の潮下帯・砂泥底
●少産 ●近年、定着したようである

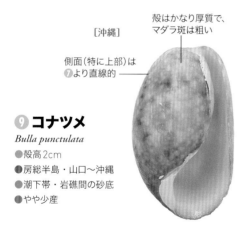

[沖縄]

殻はかなり厚質で、
マダラ斑は粗い

側面(特に上部)は
❼より直線的

殻は少し薄く、
白点斑が目立つ

[千葉]

❾ コナツメ

Bulla punctulata

●殻高 2cm
●房総半島・山口〜沖縄
●潮下帯・岩礁間の砂底
●やや少産

**❿ コナツメ
（ヤマト型）**

Bulla punctulata [Yamato type]
●ヤマト型の詳細はよくわかって
いない

カメガイ科
Cavolinidae

[神奈川]

4.0倍

殻は半透明で
きわめて薄く、
浮遊生活に
適応している

⓫ ササノツユ

Diacavolinia longirostris

●殻長 4mm
●北海道〜本州両岸〜沖縄
●大洋表層 ●普通
●割とよく打上がる

中央部は
丸く膨らむ

オカミミガイ科
Ellobiidae

殻は厚質、平滑で、
通常淡褐色の単色で
色帯はない

[神奈川]

⓬ ハマシイノミガイ

Melampus nuxeastaneus

●殻高 15mm
●房総半島・佐渡島〜沖縄
●潮上帯・礫間 ●やや少産

褶がある

モノアラガイ科

Lymnaeidae

2.0倍

❶ ヒメモノアラガイ

Orientogalba ollula

●殻高8mm●北海道〜沖縄
●淡水産。時に打上がる
●多産●外来を含め複数種が
存在するようである

[東京]

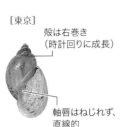

殻は右巻き
（時計回りに成長）

軸唇はねじれず、
直線的

❷ ヨソカラモノアラガイ（新称）

Radix plicatula

●殻高12mm●本州〜九州
●淡水産。時に打上がる
●普通●中国原産で
21世紀に入り造成地で多く
得られるようになった

[千葉]

外唇は少し
張り出す

軸唇は
少しねじれる

サカマキガイ科

Physidae

❸ サカマキガイ

Physella acuta

●殻高8mm●北海道〜沖縄
●淡水産。時に打上がる●多産
●外来種

[佐賀]

殻は左巻き
（反時計回りに成長）

オカクチキレガイ科

Subulinidae

[フランス]
1.5倍

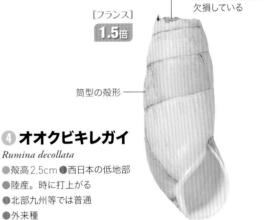

成貝では殻頂部は
欠損している

筒型の殻形

❹ オオクビキレガイ

Rumina decollata

●殻高2.5cm●西日本の低地部
●陸産。時に打上がる
●北部九州等では普通
●外来種

ナンバンマイマイ科

Camaenidae

色帯がない個体もある

普通にイメージする
カタツムリ

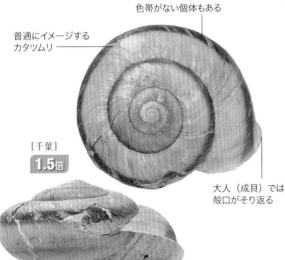

[千葉]
1.5倍

大人（成貝）では
殻口がそり返る

❺ ミスジマイマイ

Euhadra peliomphala

●殻径2.5cm●関東地方●陸産。時に打上がる
●類似したカタツムリには多数の種がある

キセルガイ科

Clausiliidae

[千葉]

殻は左巻きで、
螺塔は高い

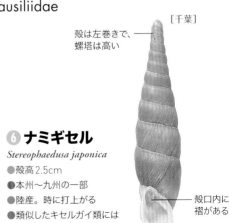

❻ ナミギセル

Stereophaedusa japonica

●殻高2.5cm
●本州〜九州の一部
●陸産。時に打上がる
●類似したキセルガイ類には
多数の種がある

殻口内に
褶がある

第2章
二枚貝類（二枚貝綱）

二枚貝の歯のつくり

多歯型	等歯型	異歯型
（サルボオ）	（ツキヒガイ）	（ハマグリ）

二枚の殻が咬み合わさる鉸板の歯の形は仲間を見分けるポイントになります

多歯型：鉸板に細かい歯がある。クルミガイ目・ロウバイ目・フネガイ目

等歯型：鉸板に左右対称の少数の歯がある。イタヤガイ科・ウミギク科等

異歯型：左右で非対称な形の歯がある。特徴的なものはマルスダレガイ科

クルミガイ科
Nuculidae

[北海道]

細かな
放射状の彫刻

── 細かい多数の歯

── 内側は
強い真珠光沢

①キララガイ
Acila (Truncacila) insignis
●殻長15cm ●北海道〜房総・能登半島
●上〜下部浅海帯の砂泥底 ●少産

ロウバイ科
Nuculanidae

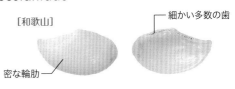

[和歌山]

密な輪肋 ──

── 細かい多数の歯

②ゲンロクソデガイ
Jupiteria (Saccella) confusa
●殻長15cm ●房総・男鹿半島〜九州
●上下部浅海帯の砂底 ●やや少産
●以前は多かった種

サンカクサルボオ科
Noetiidae

③マルミミエガイ
Didimacar tenebrica
●殻長15mm ●房総半島〜山口
●内湾の潮間帯下部〜潮下帯の転石下
●生貝は少産 ●瀬戸内海の海砂に多い

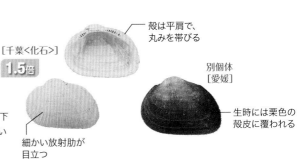

[千葉〈化石〉]
1.5倍

殻は平肩で、
丸みを帯びる

別個体
[愛媛]

生時には栗色の
殻皮に覆われる

細かい放射肋が
目立つ

フネガイ科
Arcidae

[高知]

靭帯面に2本程度の
菱形の細い溝

殻表は
細かい
布目状の彫刻

④フネガイ
Arca patriarchalis
●別名ネジアサリ ●殻長3cm
●津軽半島・仙台湾〜沖縄
●潮下帯・岩礁、時に穿孔 ●普通
●5cmを越えることは稀

[千葉]

④と異なり
細い溝は多数

後部は伸びる

細かい放射肋が
目立つ

⑤コベルトフネガイ
Arca boucardi
●殻長5cm ●北海道南部〜本州両岸〜九州
●外海の潮下帯・岩礁底 ●多産 ●6cm以上の個体も多い

[奄美]
1.5倍

殻は④より厚く、
布目状の彫刻

鉸板は④より厚い

黒紫色の
線状彩

⑥ククリネジアサリ
Arca volucris
●殻長2cm ●奄美・沖縄
●外海の潮下帯・岩礁、時に穿孔 ●普通

細かい放射肋が目立つ

[神奈川]

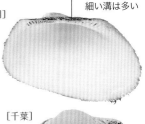

靭帯面は狭く、
細い溝は多い

⑦エガイ
Barbatia (Abarbatia) trapezina
●殻長3cm
●房総・能登半島〜沖縄
●外海の潮間帯下部〜潮下帯・岩礁
●多産 ●通常4cm以下

[千葉]

すれると毛状の
殻皮がはがれ、白色

❽ オオカリガネエガイ

Barbatia (Cucullaearca) foliata

●殻長7cm●奄美・沖縄

●外海の潮下帯・
造礁サンゴに穿孔

●少産

[沖縄]
0.6倍

大型になり、
放射状彫刻は
❼より粗い

[和歌山]
1.0倍

放射肋は弱い

後部の肋は
⓫と異なり
強く分岐する

❾ トマヤエガイ

Barbatia (Savignyarca) cometa

●殻長3cm●紀伊半島・九州西岸〜沖縄

●外海の潮間帯〜潮下帯・岩礁●少産

[千葉]

後部は⓫のように幅広くならず、
殻皮の列は不明瞭

[佐賀]

後部の歯は
「く」の字に曲がる

後部は幅広で、
毛状の殻皮の列は明瞭

❿ アオカリガネエガイ

Barbatia (Savignyarca) virescens

●殻長3cm●房総・能登半島〜奄美

●外海の潮間帯下部・岩礁●多産

●カリガネエガイと同所的に見られる場合、
本種はより下部に生息

⓫ カリガネエガイ

Barbatia (Savignyarca) obtusoides

●殻長4cm●北海道南部〜日本海側・房総半島〜沖縄

●やや内湾の潮間帯中部・岩礁●多産

[千葉]
1.5倍

紅色〜明褐色の
マダラ模様で、
殻頂は紅色

弱い
布目状
彫刻

⓬ ハナエガイ

Barbatia (Ustuarca) stearnsii

●殻長2cm●茨城・男鹿半島〜沖縄

●外海の潮下帯・岩礁●多産

[神奈川]

後端は丸い

濃褐色で
布目状

⓭ ベニエガイ

Barbatia (Ustuarca) amygdalumtostum

●殻長5cm●房総・能登半島〜沖縄

●外海の潮下帯・岩礁●やや少産

中央に溝のある
強い放射肋

[播磨]
1.2倍

⓮ ヒメエガイ

Mesocibota bistrigata

●殻長4cm●主に瀬戸内海

●内湾の潮下帯・転石

●現生は稀、ただ死殻は瀬戸
内海の海砂に多い

[島根]
0.6倍

⓯ サトウガイ

Anadara (Scapharca) satowi

●殻長8cm●本州北端〜両岸〜九州

●外海の浅海帯・砂泥底●普通

殻は厚質

[鹿児島]

肋は38〜40本
程度

⓰ サトウガイ
（大隅東岸型）

Anadara (Scapharca) satowi [east cost of Osumi type]

●殻長4cm●九州（東南部）●外海の潮下帯・砂泥底

●時にメオトサルボオとされた貝

殻は少し細長く、
やや薄質で、
時に肋は2分される
ように見える

[山口]
0.6倍

肋は42本程度

殻は⓯と比べて
薄質で少しもろい

⓱ アカガイ

Anadara (Scapharca) broughtonii

●殻長10cm●北海道南部〜本州両岸〜
九州●内湾の上部浅海帯・砂泥底●普通

フネガイ科

Arcidae

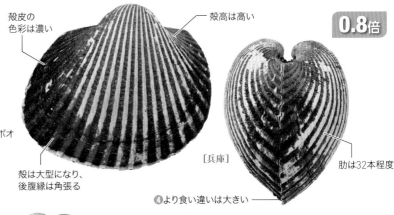

0.8倍

- 殻皮の色彩は濃い
- 殻高は高い
- 殻は大型になり、後腹縁は角張る
- 肋は32本程度
- ④より食い違いは大きい

[兵庫]

❶ クイチガイサルボオ（基準型）

Anadara (*Scapharca*) sp.

- 別名ナガレサルボオ、異名オウギサルボオ
- 殻長8cm ●東京湾・瀬戸内海等
- やや外海の潮下帯・砂泥底 ●稀
- 基準型は現在ほとんど得ることができない程、減少

❷ クイチガイサルボオ（西日本内湾型）

Anadara (*Scapharca*) sp.
[western Japan type]

- 殻長4cm
- 主に瀬戸内海～九州
- 内湾の潮間帯下部・砂泥底
- 普通

[熊本]

[富山]

- 殻高は❶より低い
- 殻皮の色彩は少し薄い
- 後腹縁は伸びない

❸ クイチガイサルボオ（外海型）

Anadara (*Scapharca*) sp.
[open sea coast type]

- 殻長4cm
- 房総・男鹿半島～九州
- 外海の浅海帯・砂底 ●普通

- 殻皮の色彩は濃い

[長崎]

- ❶と異なり殻は正方形に近く、厚質

- 肋は32本程度で、殻高が小さく細長い
- ❶とともに左殻の肋状には顆粒がある

[千葉]

- 右殻は左殻より少し小さく、❶程ではないが食い違う

- 肋は34本程度

❹ サルボオ *Anadara* (*Scapharca*) *kagoshimensis*

- 殻長4cm ●北海道南部～本州両岸～九州 ●内湾の潮間帯・砂泥底 ●多産 ●この種でも腹縁は食い違う。和名は軟体が猿の頬のように赤いことに由来するので、サルボウとは表記しない

❺ クマサルボオ *Anadara* (*Scapharca*) *globosa*

- 殻長7cm ●瀬戸内海・九州西北部・有明海
- 内湾の浅海帯・砂泥底 ●少産 ●有明海以外で見ることは稀

[千葉]

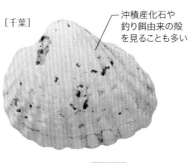

- 沖積産化石や釣り餌由来の殻を見ることも多い

- 殻頂部は突出する
- 鉸板は厚い

[千葉]

- 殻はきわめて厚質

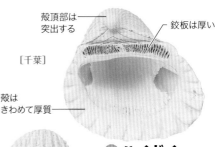

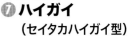

[福岡]

- 肋は17本程度で、両殻の肋状に尖った顆粒がある

❻ ハイガイ **1.0倍**

Tegillarca granosa

- 殻長4cm ●現在は有明海のみ
- 内湾の潮間帯下部・泥底
- 沖積産化石は仙台湾・男鹿半島～九州で打上がる

❼ ハイガイ（セイタカハイガイ型）

Tegillarca granosa [*obessa* type]

- 殻長5cm
- 千葉（内房）と沖縄島
- 沖積産化石のみで、基準型と同所的には得られていない

タマキガイ科
Glycymerididae

1.0倍

⑧ タマキガイ *Glycymeris aspersa*
- ●殻長6cm ●本州北端両岸〜九州
- ●やや外海の上部浅海帯・砂底 ●普通

[千葉]

⑪と異なり
後背縁は
角張らない

[種子島]

⑧より小型

放射彩はなく、
細かいマダラ斑の
ことが多い

腹縁のきざみは
⑧より少ない

殻表は平滑で、
細かい放射彩が
明らか

生時には厚い殻皮
がある

内面は白色

腹縁のきざみは
多い

⑨ トドロキガイ
Glycymeris flammea
- ●殻長5cm ●紀伊半島〜九州西岸
- ●外海の上部浅海帯・砂底 ●やや少産
- ●南九州に多い

[千葉]

殻高が高く
円形

殻表に微細な穴が
密にある

後背縁が角張る

[千葉]

0.8倍

⑪ ベンケイガイ
Glycymeris albolineata
- ●殻長7cm
- ●茨城・男鹿半島〜九州
- ●外海の上部浅海帯・砂底
- ●やや少産
- ●西日本太平洋岸では稀

⑩ ミタマキガイ
Glycymeris imperialis
- ●殻長3cm ●三陸・山形〜紀伊半島・島根
- ●浅海帯・砂底 ●少産
- ●図は東京湾口の大型群。東日本太平洋岸で
は時に打上がる

内面は褐色がかる
ことが多い

⑫ キヌスジコギツネガイ
Glycymeris habei
- ●殻長10mm ●高知〜沖縄
- ●外海の上部浅海帯・砂底 ●やや稀

後背部が褐色になる
ことが多く、他は白色

[奄美]

2.0倍

殻表には細い肋が
密にある

シコロエガイ科
Parallelodontidae

⑬ シコロエガイ
Porterius dalli
- ●殻長4cm
- ●北海道〜紀伊半島・
九州北部・瀬戸内海
- ●潮下帯〜下部浅海帯・
転石下 ●やや少産

すれると殻皮が
とれて白色

[千葉]

1.5倍

後方の
歯は水平

細かい放射肋が密にある

[広島]

オオシラスナガイ科
Limopsidae

⑭ シラスナガイ
Oblimopa forskalii
- ●殻長12mm ●三陸・男鹿〜九州
- ●外海の潮下帯〜下部浅海帯・砂底
- ●やや少産

細いが強い
放射肋が密にある

[千葉]

1.5倍

生時には
殻皮が
明瞭

[神奈川]

イガイ科
Mytilidae

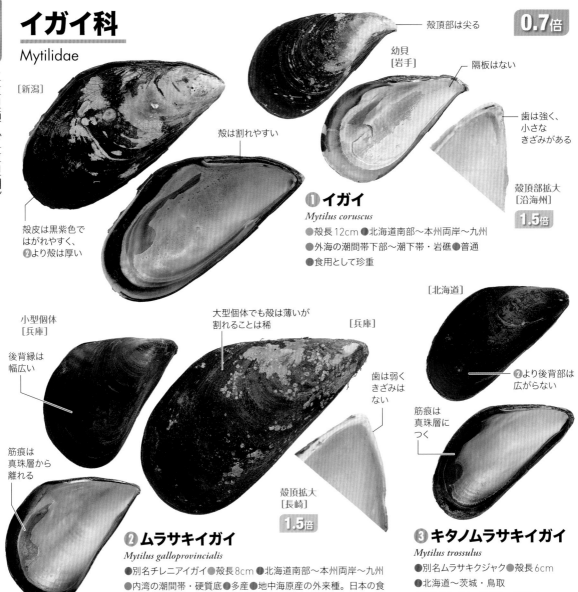

0.7倍

[新潟]

殻頂部は尖る

幼貝
[岩手]

隔板はない

殻は割れやすい

歯は強く、
小さな
きざみがある

殻皮は黒紫色で
はがれやすく、
❷より殻は厚い

殻頂部拡大
[沿海州]
1.5倍

❶ イガイ
Mytilus coruscus
●殻長 12cm ●北海道南部〜本州両岸〜九州
●外海の潮間帯下部〜潮下帯・岩礁 ●普通
●食用として珍重

小型個体
[兵庫]

後背縁は
幅広い

大型個体でも殻は薄いが
割れることは稀

[兵庫]

[北海道]

❷より後背部は
広がらない

歯は弱く
きざみは
ない

筋痕は
真珠層に
つく

筋痕は
真珠層から
離れる

殻頂拡大
[長崎]
1.5倍

❷ ムラサキイガイ
Mytilus galloprovincialis
●別名チレニアイガイ ●殻長8cm ●北海道南部〜本州両岸〜九州
●内湾の潮間帯・硬質底 ●多産 ●地中海原産の外来種。日本の食
用ムール貝はこの種であることが多い

❸ キタノムラサキイガイ
Mytilus trossulus
●別名ムラサキクジャク ●殻長6cm
●北海道〜茨城・鳥取
●潮間帯下部〜潮下帯・硬質底
●戦前に北から入ってきた外来種と考える

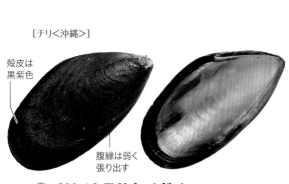

[チリ<沖縄>]

殻皮は
黒紫色

腹縁は弱く
張り出す

[フランス]

殻皮は緑褐色で
濃い放射彩の
あることが多い

❹ チリノムラサキイガイ（新称）
Mytilus chilensis
●殻長8cm ●日本に非分布 ●食用に冷凍品が大量に輸入。
チリイガイは別属の種

❺ ヨーロッパイガイ
Mytilus edulis
●殻長8cm ●日本に非分布 ●時に食用に冷凍品が輸入。
ムラサキイガイと比較されるが、図示されることは稀

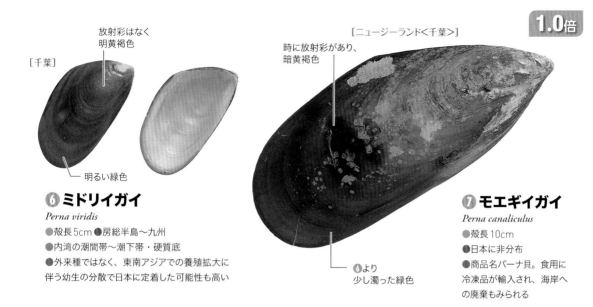

1.0倍

［千葉］

放射彩はなく
明黄褐色

明るい緑色

⑥ ミドリイガイ
Perna viridis
●殻長5cm●房総半島〜九州
●内湾の潮間帯〜潮下帯・硬質底
●外来種ではなく、東南アジアでの養殖拡大に
伴う幼生の分散で日本に定着した可能性も高い

［ニュージーランド＜千葉＞］

時に放射彩があり、
暗黄褐色

⑥より
少し濁った緑色

⑦ モエギイガイ
Perna canaliculus
●殻長10cm
●日本に非分布
●商品名パーナ貝。食用に
冷凍品が輸入され、海岸へ
の廃棄もみられる

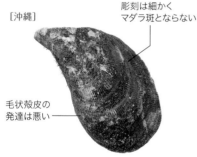

［沖縄］

彫刻は細かく
マダラ斑とならない

毛状殻皮の
発達は悪い

⑧ モトノクジャクガイ（新称）
Septifer (Septifer) bilocularis
●殻長4cm●高知〜沖縄●外海の潮下帯・岩礁
●普通●これまでクジャクガイと同種とされてきたが、
別種と考えた。基の孔雀貝

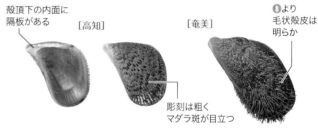

殻頂下の内面に
隔板がある

［高知］ ［奄美］

⑧より
毛状殻皮は
明らか

彫刻は粗く
マダラ斑が目立つ

⑨ クジャクガイ
Septifer (Septifer) pilosus
●別名ミノクジャク●殻長3cm●房総・能登半島〜奄美
●外海の潮間帯下部〜潮下帯・岩礁●普通

殻皮剥離個体
［千葉］

殻皮は
とれやすく
白色となる

彫刻は粗く
マダラ斑はない

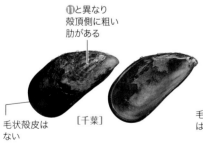

⑪と異なり
殻頂側に粗い
肋がある

毛状殻皮は
ない

［千葉］

毛状殻皮
はない

［広島］

殻皮は平滑で
毛状殻皮などはない

［福岡］

前部は丸く張り出す

⑩ ムラサキインコ
Septifer (Mytilisepta) virgatus
●殻長4cm
●北海道南部〜本州両岸〜九州
●外海の潮間帯・岩礁●多産
●帯状に密集することも多い

⑪ ヒメイガイ
Septifer (Mytilisepta) keeni
●殻長3cm
●北海道南部〜本州両岸〜九州
●外海の潮下帯・岩礁●普通

⑫ カラスノマクラ
Moliolatus hanleyi
●殻長4cm●房総半島〜山口
●やや外海の潮下帯〜浅海帯・砂泥底●少産
●図はハンレイヒバリと呼ばれる淡色の小型群

イガイ科

Mytilidae

二枚貝類（二枚貝綱）

[千葉]

紅色

殻高は高い

後背部の
毛状殻皮は発達

[種子島]

後背部は広がらず、
❶と異なり黒紫色に
染め分けられ、毛状殻皮の
発達は悪い

❶ ヒバリガイ
Modiolus nipponicus
●殻長4cm●本州北端〜本州両岸〜九州
●外海の潮下帯・岩礁等●普通

❷ リュウキュウヒバリ
Modiolus auriculatus
●殻長4cm●紀伊半島〜沖縄
●外海の潮間帯下部・岩礁●普通

[福岡]

後部は❶より
伸びて尖る

丸く
突き出る

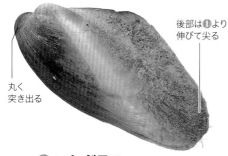

[千葉]

❶よりも丸く突出する

後部は伸びず、
丸い

色彩は淡い

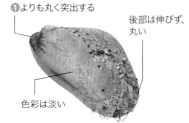

[和歌山]

成長肋は❻より
明瞭

殻高は高い

濃い栗色

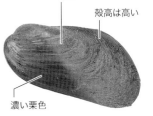

❸ コケガラス
Modiolus modulaides
●殻長5cm●瀬戸内海西部・有明海
●内湾の潮下帯・カキ礁等●普通

❹ ショウジョウヒバリ
Modiolus sp.
●殻長3.5cm●房総半島〜九州
●外海の下部浅海帯・岩礁底●少産

❺ サザナミマクラ
Moliolatus sp. 1
●殻長3cm
●房総・能登半島〜九州
●やや内湾の潮下帯・藻場等
●少産

[沖縄]

成長肋は不明瞭

殻高は低く、
細長い

明黄褐色

[和歌山]

後部は
❽のように
広がらず丸い

前部は突き出さず、
短い

[神奈川]

後部は幅広となり
少し伸びる

淡黄褐色

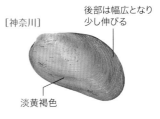

❻ ジュゴンノマクラ（新称）
Moliolatus flavidus
●殻長3cm●奄美・沖縄
●やや内湾の潮下帯・藻場●少産

❼ コガラスマクラ
Moliolatus sp. 2
●殻長2cm●房総・能登半島〜九州
●外海の上部浅海帯・岩礁●少産

❽ ツグミノマクラ
Moliolatus oyamai
●殻長3cm●房総半島・新潟〜九州
●外海の下部浅海帯・岩礫底●少産

[千葉]

鳥の羽様の
マダラ模様

殻は薄く、平滑

⑨ ホトトギスガイ
Arcuatula senhousia
●殻長2cm●北海道南部〜本州両岸〜九州
●潮間帯下部〜潮下帯・砂泥底●多産

[高知]

1.5倍

前部が丸く突出する

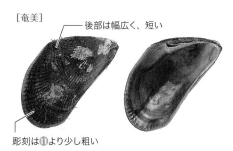

細かい放射状の
彫刻

周縁は刻まれる

⑩ タイワンホトトギス
Brachidontes striatulus
●殻長2cm●高知・山口〜奄美●汽水域の潮間帯・硬質底
●少産●近年確認され、北へ分布を拡大している

別個体
[鹿児島]

内外面とも
黒色の群もある

[屋久島]

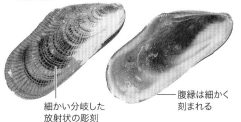

細かい分岐した
放射状の彫刻

腹縁は細かく
刻まれる

⑪ ヒバリガイモドキ
Brachidontes mutabilis
●異名クロヒバリガイモドキ●殻長2.5cm
●房総・男鹿半島〜九州●潮間帯下部・岩礁等
●多産●外海に多く、内湾等の群は黒色

[奄美]

後部は幅広く、短い

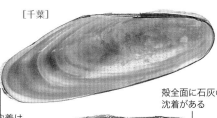

彫刻は⑪より少し粗い

⑫ ハバヒロヒバリガイモドキ（新称）
Brachidontes variabilis
●殻長2cm●種子島〜沖縄●汽水域の潮間帯中下部・硬質底
●多産

[千葉]

殻全面に石灰の
沈着がある

後部の沈着に
特徴的な
構造はなく、
後端は丸い

石灰の沈着は
後部から
ほとんど伸びない

⑬ イシマテ
Leiosolenus lischkei
●殻長4cm●陸奥湾・福島〜九州●潮間帯下部〜
潮下帯・砂岩や貝殻等に穿孔●普通

鉸板と腹縁は
およそ平行

沈着の端部は⑬と異なり
後端より外へ伸びる

[和歌山]

沈着は後部で
厚くなり、
端部は尖るが
構造はない

石灰の沈着は
全面

⑭ カクレイシマテ
Leiosolenus erimiticus
●異名ミガキイシマテ●殻長2.5cm●房総半島〜九州西岸
●潮下帯〜上部浅海帯・石灰質の基質に穿孔●やや少産

[広島]

沈着の端部は
後端より伸び、
中央が細くなる

前部の
沈着は弱い

⑮ マクライシマテ
Leiosolenus sp.
●殻長10mm●瀬戸内海
●潮下帯〜上部浅海帯・
石灰質の基質に穿孔
●やや少産

沈着の境界は溝状にならず、
弱い網目状の彫刻

イガイ科

Mytilidae

[愛知]

筋痕は幅広い

後部は伸びない

❶ クログチ
Xenostrobus atratus
●殻長 10mm ●三陸南部・山口〜奄美
●内湾の潮間帯上中部・硬質底 ●普通

❷ コウロエンカワヒバリ
Xenostrobus securis
●殻長 2.5cm ●茨城・富山〜九州
●内湾や汽水域の潮間帯〜
潮下帯・硬質底
●オーストラリア等からの
外来種

2.0倍

筋痕はまが玉状

[千葉]

光沢のある漆黒色

[千葉]

筋痕は❷より
複雑

角立ち、前後で染分け
となることもある

❸ カワヒバリガイ
Limnoperna fortunei
●殻長 2cm ●本州(利根川・長良川・琵琶湖等)
●淡水域〜汽水域の水面直下・硬質底 ●中国等からの外来種

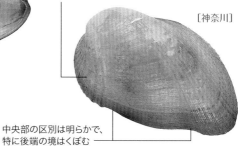

前端の放射肋は少なく、
内面のきざみも対応して少数

[神奈川]

中央部の区別は明らかで、
特に後端の境はくぼむ

❹ タマエガイ
Musculus (Modiolarca) neglectus
●殻長 2cm ●三陸・能登半島〜九州
●潮下帯・岩礫底 ●普通 ●ホヤ中に棲む

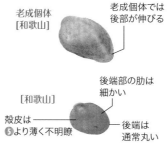

[兵庫]

きざみは
❹より多い

殻皮は明瞭

後端は
少し尖る

後縁の肋は多い

老成個体
[和歌山]

老成個体では
後部が伸びる

後端部の肋は
細かい

[和歌山]

殻皮は
❺より薄く不明瞭

後端は
通常丸い

❺ ヨスミタマエガイ
Musculus (Modiolarca) cupreus
●殻長 12mm
●北海道南部〜本州両岸〜九州
●潮下帯・ロープ等に付着 ●多産
●ホヤ中に棲まない。打上げで得られる

❻ ベニバトタマエガイ
Musculus (Modiolarca) nipponicus
●殻長 8mm ●房総・男鹿半島〜沖縄
●主に下部浅海帯・岩礫底 ●普通
●この種は打上げられない

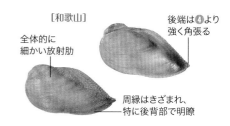

[和歌山]

全体的に
細かい放射肋

後端は❹より
強く角張る

周縁はきざまれ、
特に後背部で明瞭

❼ チヂミタマエガイ
Gregariella barbata
●殻長 14mm ●房総・男鹿半島〜沖縄
●潮下帯〜上部浅海帯・岩礫底
●やや少産

ウグイスガイ科
Pteriidae

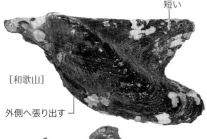

[和歌山]

短い

外側へ張り出す

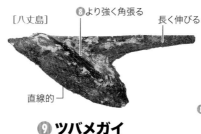

[八丈島]

❽より強く角張る

長く伸びる

直線的

0.5倍

❾ ツバメガイ
Pteria peasei
●殻長7cm●紀伊半島〜沖縄
●上部浅海帯・岩礁●少産
●ヤギに付着

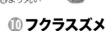

[三重]

❽より丸い

❿ フクラスズメ
Pteria gregata
●殻長7cm●相模湾・山口〜沖縄
●上部浅海帯・岩礁●やや少産
●ヤギに付着

生時は刺胞動物の
ヤギ類に着生

ヤギに
ついている個体
[和歌山]

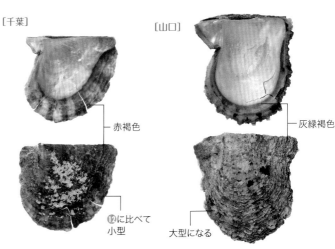

[千葉]

赤褐色

❿に比べて
小型

[山口]

灰緑褐色

大型になる

❽ ウグイスガイ
Pteria heteroptera
●殻高8cm●房総半島・兵庫〜九州
●上部浅海帯・岩礁●やや少産
●ヤギに付着

⓫ ベニコチョウ
Pinctada fucata
●殻高4cm●房総半島〜九州
●やや外海の潮下帯・岩礁●少産
●アコヤガイの色彩型とされる。熱帯海域から
"ベニコチョウ"の和名で知られる貝とは別

⓬ アコヤガイ
Pinctada martensii
●殻高8cm●三陸・男鹿半島〜九州
●潮間帯下部〜潮下帯・岩礁●普通
●真珠をとる真珠母貝は本種

シュモクガイ科
Malleidae

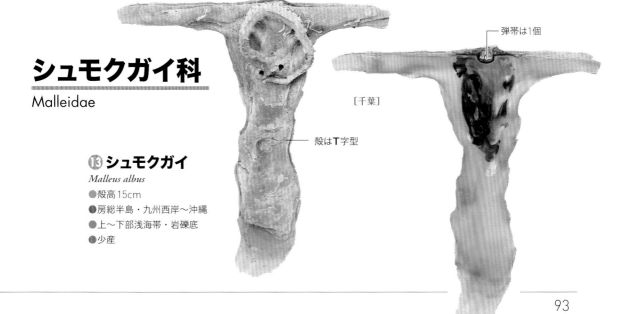

殻はT字型

[千葉]

弾帯は1個

⓭ シュモクガイ
Malleus albus
●殻高15cm
●房総半島・九州西岸〜沖縄
●上〜下部浅海帯・岩礁底
●少産

シュモクアオリ科
Isognomonidae

1.0倍

［愛媛］

いくつもの靭帯がある

殻は大型になり、濃褐色

前後に幅広い

❶マクガイ
Isognomon ephippium
●殻高10cm ●紀伊半島・九州西岸〜沖縄
●内湾河口域の潮間帯下部・硬質底 ●近年、北へ分布を拡大させている

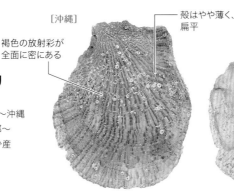

［沖縄］

褐色の放射彩が全面に密にある

殻はやや薄く、扁平

❷カイシアオリ
Isognomon perna
●殻高4cm ●紀伊半島〜沖縄
●やや外海の潮間帯下部〜
潮下帯・転石下 ●やや少産

周縁はほとんど彩色されない

［沖縄］

殻頂部に褐色の放射彩が存在することも多い

殻は❷より厚い

周縁は紫に彩色される

❸キヅカズアオリ（新称）
Isognomon torvum
●殻高4cm ●奄美・沖縄 ●やや外海の潮間帯中下部・岩礁や
転石下 ●普通 ●以前はカイシアオリやマクガイと混同されていた

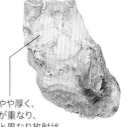

［和歌山］

殻はやや厚く、薄層が重なり、❷❸と異なり放射状の色彩はない

周縁は弱くマダラに彩色されることもある

❹シロアオリ
Isognomon linguaeformis
●殻高4cm ●房総半島・兵庫〜九州
●外海の潮間帯下部〜潮下帯・岩礁 ●普通

ハボウキガイ科
Pinnidae

[千葉]

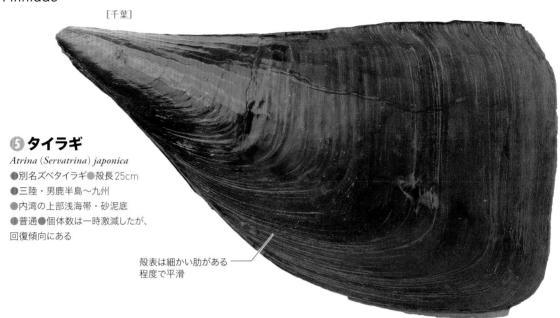

❺ タイラギ
Atrina (Servatrina) japonica
●別名ズベタイラギ●殻長25cm
●三陸・男鹿半島〜九州
●内湾の上部浅海帯・砂泥底
●普通●個体数は一時激減したが、
回復傾向にある

殻表は細かい肋がある
程度で平滑

[山口]

細かく棘立った
密な肋がある

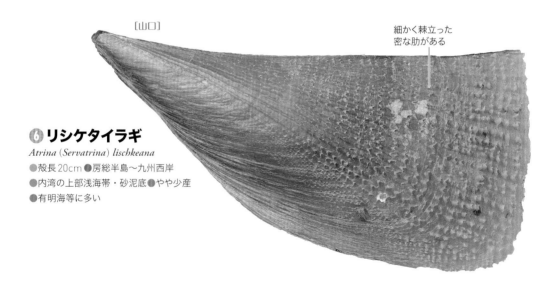

❻ リシケタイラギ
Atrina (Servatrina) lischkeana
●殻長20cm●房総半島〜九州西岸
●内湾の上部浅海帯・砂泥底●やや少産
●有明海等に多い

[千葉]

細長く、殻表に弱い
肋がある程度

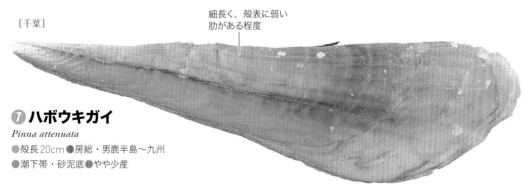

❼ ハボウキガイ
Pinna attenuata
●殻長20cm●房総・男鹿半島〜九州
●潮下帯・砂泥底●やや少産

イタボガキ科
Ostreidae

[福井＜京都＞養殖]

0.5倍

0.5倍

筋痕は紫褐色に
彩色されることも
多い

殻は厚く、
❶より成長肋は
密で少しヒレ状

0.7倍

[千葉]

0.5倍

成長肋は密で
ヒレ状になる

❶ マガキ *Magallana gigas*
●殻高8cm●北海道〜本州両岸〜九州
●内湾の潮間帯・硬質底等●多産●食用販売の
カキ。分子系統解析で属名が変わってしまった

岩などに付着する
左殻には放射状の
褶がある

成長肋は
粗く、ヒレ状に
ならない

筋痕は
彩色されない
ことが多い

❷ イワガキ
Magallana nippona
●殻高10cm
●本州北端（両岸）〜九州
●外海の潮下帯・岩礁●多産
●日本海側等で養殖されている夏牡蛎

[佐賀]

0.5倍

黒紫色の
殻表は
はがれやすい

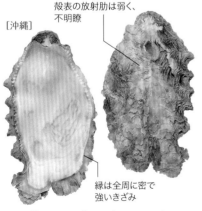

放射状の褶には
ならず、殻は
❶より軽い

❸ スミノエガキ *Magallana ariakensis*
●殻高10cm●有明海●内湾の潮下帯・カキ礁を
形成●やや少産

殻表の放射肋は弱く、
不明瞭

[沖縄]

殻頂の両側に
きざみがある

[小笠原]

縁は黒紫色で、
側面は
立ち上がる

❹ オハグロガキ
Saccostrea mordax
●殻高5cm●紀伊半島〜沖縄
●外海の潮間帯中部・岩礁●多産

殻表に太い
放射肋がある

弱く黒紫色に
彩色

縁のきざみは弱く、
全周に及ばない

[和歌山]

殻頂の両側に
強いきざみ

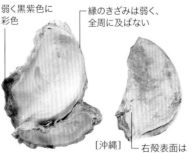

縁は全周に密で
強いきざみ

[沖縄]

右殻表面は
平滑な
ことも多い

内面は緑褐色に
彩色されるされる
こともある

殻表に管状の
棘が密生するが、
削られていること
も多い

❺ オハグロガキモドキ
Saccostrea circumsuta
●殻高5cm●紀伊半島〜沖縄
●内湾の潮間帯中下部・硬質底●普通
●以前ニュージーランドガキとされていた

❼ ニセマガキ
Saccostrea echinata
●異名クロヘリガキ●殻高5cm
●紀伊半島〜沖縄●内湾の潮間帯中下部・
硬質底等●普通

❻ ケガキ
Saccostrea kegaki
●殻高4cm
●北海道南西部〜本州両岸〜沖縄
●外海の潮間帯中下部・岩礁●普通

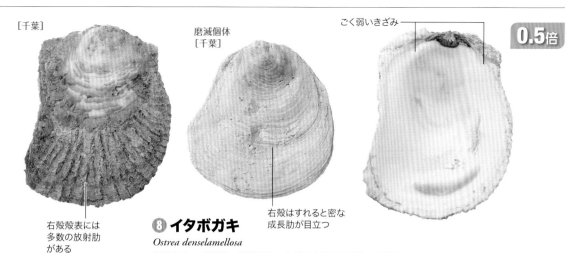

[千葉]

ごく弱いきざみ

0.5倍

右殻殻表には
多数の放射肋
がある

右殻はすれると密な
成長肋が目立つ

磨滅個体
[千葉]

⑧ イタボガキ
Ostrea denselamellosa
●殻高8cm ●房総・能登半島～九州 ●内湾の潮下帯・砂泥底
●現生は稀で、沖積産化石が拾える

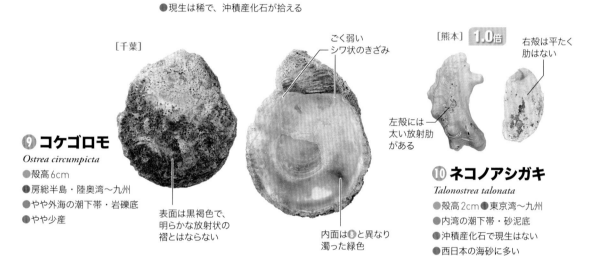

[千葉]

ごく弱い
シワ状のきざみ

[熊本] **1.0倍**

右殻は平たく
肋はない

左殻には
太い放射肋
がある

⑨ コケゴロモ
Ostrea circumpicta
●殻高6cm
●房総半島・陸奥湾～九州
●やや外海の潮下帯・岩礁底
●やや少産

表面は黒褐色で、
明らかな放射状の
褶とはならない

内面は⑧と異なり
濁った緑色

⑩ ネコノアシガキ
Talonostrea talonata
●殻高2cm ●東京湾～九州
●内湾の潮下帯・砂泥底
●沖積産化石で現生はない
●西日本の海砂に多い

ベッコウガキ科

Gryphaeidae

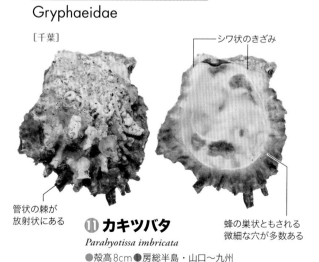

[千葉]

シワ状のきざみ

[沖縄]
1.0倍

管状の棘が
放射状にある

⑪ カキツバタ
Parahyotissa imbricata
●殻高8cm ●房総半島・山口～九州
●外海の上部浅海帯・岩礁底 ●やや少産

蜂の巣状ともされる
微細な穴が多数ある

角立った
放射状の褶

⑫ ベニガキ
Parahyotissa quercinus
●殻高3cm ●房総半島・壱岐～沖縄
●外海の上部浅海帯・岩礁底等 ●普通

⑪と異なり周縁は
強くきざまれる

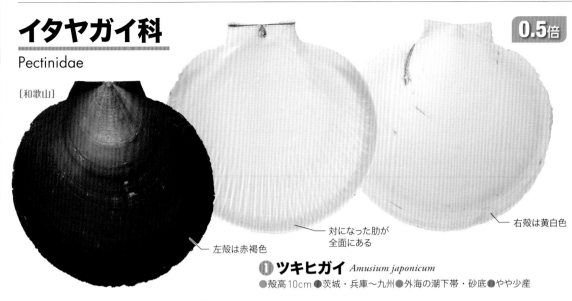

イタヤガイ科
Pectinidae

二枚貝類（二枚貝綱）

[和歌山]

対になった肋が
全面にある

右殻は黄白色

左殻は赤褐色

❶ ツキヒガイ *Amusium japonicum*
●殻高10cm●茨城・兵庫〜九州●外海の潮下帯・砂底●やや少産

肋の間は狭い

[愛知] 1.0倍

肋に強弱はなく、
全面にある

❷ ヒナノヒオウギ *Mimachlamys pelseneeri*
●殻高2cm●紀伊・男鹿半島〜九州●潮下帯・岩礁底
●やや少産●西日本に多い

[愛知] 1.0倍

殻は幅広く
紅色系の淡色の
ことが多い

[和歌山]

自然では赤褐色の
個体が多く、
養殖により様々な
色彩のものが
作り出されている

強い肋が
明らかで、
肋上の
鱗片状突起
は❼より強い

丸い肋が全面にあり、肋上には
疎らに鱗片状突起がある

❸ ヒオウギ *Mimachlamys crassicostata*
●殻高10cm●房総・男鹿半島〜九州●外海の潮下帯・岩礁底●普通

❹ ニシキガイ
Chlamys (Scaeochlamys) squamata
●殻高3cm●房総・能登半島〜九州
●上部浅海帯・岩礁底●やや少産

[黄海]

殻は❼より大きく
色彩は淡いことが
多い

❻ アカザラ
Chlamys (Scaeochlamys) farreri nipponensis
[*akazara* type]
●殻高6cm●三陸地方
●上部浅海帯・岩礁底●普通●食用

[岩手]

殻は中型で
通常濃い赤褐色

肋は太く、❼より
強弱の差は小さい

強い肋は
少数

殻は中型で、
色彩の変化は大きい

前の耳状突起は
後ろより小さい

[千葉]

❺ カスミニシキ
Chlamys (Scaeochlamys) farreri farreri
●殻高8cm●東中国海北部
●浅海帯・砂礫底●少産

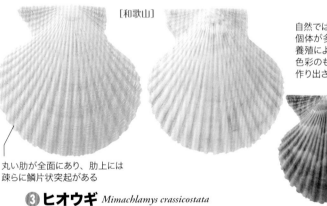

強い肋が明らかで、
その間の肋も明瞭

❼ アズマニシキ
Chlamys (Scaeochlamys) farreri nipponensis
●殻高6cm
●北海道南西部〜日本海側・仙台湾〜九州
●潮下帯〜上部浅海帯・岩礁底●多産

❽ ナデシコ

Chlamys (Scaeochlamys) brettinghami
●殻高3cm ●房総・男鹿半島〜九州
●外海の潮下帯・岩礫底 ●普通

色彩は変化に富み、殻頂側はマダラ斑となることも多い

強弱のある肋は❼より細い

［鹿児島］ **1.0倍**

❾ ホタテガイ

Patinopecten (Mizuhopecten) yessoensis
●殻高20cm ●北海道〜三陸〜房総半島
●上部浅海帯・砂底 ●多産

0.5倍

［千葉］

右殻は少しふくらみ、白色で全面に肋がある

左殻は少し平たく赤褐色

［愛知］ **1.0倍**

殻はきわめて厚い

4本程度の太い肋がある

❿ キンチャクガイ

Decatopecten striatus
●殻高4cm ●房総・男鹿半島〜九州
●上部浅海帯・岩礫底 ●やや少産

左殻はむしろくぼみ、丸い肋が明らか

［千葉］

右殻はよくふくらみ、白色で肋は角張る

⓫ イタヤガイ

Pecten albicans
●殻高8cm ●北海道南部〜本州両岸〜九州
●上部浅海帯・砂底 ●普通

ネズミノテ科

Plicatulidae

［高知］ **1.5倍**

放射肋は強い

殻は厚くて扁平

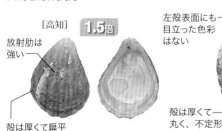

左殻表面にも目立った色彩はない

殻は厚くて丸く、不定形

［千葉］ **1.5倍**

右殻の付着面は小さい

中央に対になった歯があり、褐色に染まる

⓬ ネズミノテ

Plicatula regularis
●殻高15mm ●房総半島・佐渡島〜九州
●潮下帯・砂礫底 ●やや少産

⓭ イシガキモドキ

Plicatula horrida
●殻高15mm ●房総半島・富山湾〜九州 ●潮下帯・岩礫底 ●やや少産

放射肋がジグザグにかみあう

ウミギク科
Spondylidae

0.7倍

中央に一対の歯

磨滅個体
[千葉]

[愛媛]

殻頂近くは
平ら

棘が出ることも
あるが細い

[和歌山]

殻頂近くは
ふくらむ

幅広い棘の間に
細い棘がある

棘は密生し
幅広い

❶よりも棘は
小さくまばら

❷ チリボタン
Spondylus cruentus
●殻高4cm●茨城・男鹿半島〜九州
●潮下帯・岩礁●多産

❶ ウミギク
Spondylus barbatus
●殻高6cm●房総半島・山口〜九州
●潮下帯・岩礁●やや少産
●右殻で付着する

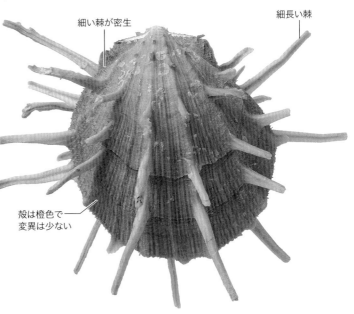

細い棘が密生

細長い棘

[和歌山]

❸ ショウジョウガイ
Spondylus regius
●殻高10cm
●紀伊半島・九州西岸〜沖縄
●上部浅海帯・岩礫底●やや少産

殻は橙色で
変異は少ない

ナミマガシワ科
Anomiidae

大きな
足糸を出す穴

石灰化した足糸
[千葉]

2.0倍

[千葉]
1.0倍

別個体
[青森]

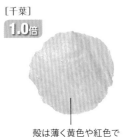

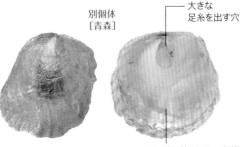

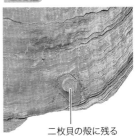

殻は薄く黄色や紅色で
金属光沢がある

石などに付くため、右殻
は左殻よりさらに薄い

二枚貝の殻に残る
ナミマガシワの石灰化
した足糸。サンゴのよう
にも見える

❹ ナミマガシワ *Anomia cytaeum*
●殻高3cm●北海道南部〜本州両岸〜九州●潮下帯・岩礫底等●多産

ミノガイ科
Limidae

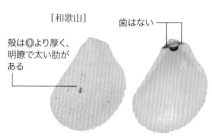

[和歌山]

殻は❾より厚く、明瞭で太い肋がある

歯はない

[愛媛]

殻は薄く、表面には微細な彫刻がある

殻形は❺❼と異なり左右対称に近い

❻ ハネガイ
Ctenoides lischkei
- ●殻高 2cm
- ●房総・能登半島～九州
- ●外海の潮下帯・岩礫底
- ●普通

❺ ミノガイ
Lima vulgaris
- ●殻高 5cm ●房総・男鹿半島～沖縄
- ●外海の潮下帯・岩礫底❺やや少産

[愛媛]

別個体 [静岡]

足糸開口部は広い

殻の厚さと肋の強さは❽と❾の中間

❼ ユキミノガイ
Limaria sp. 1
- ●殻高 2.5cm ●房総・能登半島～九州
- ●外海の潮下帯・岩礫底 ●少産

[愛知]

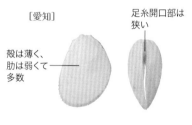

殻は薄く、肋は弱くて多数

足糸開口部は狭い

❽ フクレユキミノ
Limaria hakodatensis
- ●殻高 2cm ●北海道南部～本州両岸～九州
- ●内湾の潮下帯・砂泥底の礫地 ●普通

[沖縄]

別個体 [沖縄]

足糸開口部は狭い

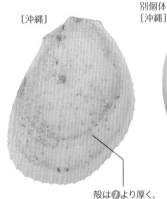

殻は❼より厚く、肋も❼より粗い

❾ オオユキミノ
Limaria sp. 2
- ●殻高 3cm ●奄美・沖縄
- ●潮下帯・岩礫底 ●やや少産

イシガイ科
Unionidae

❿ マツカサガイ *Pronodularia japanensis*
- ●殻長 3cm ●本州北端～九州
- ●淡水産 ●やや稀産。時に打上がる
- ●現在では分布域の異なる 3種に分けられている

殻頂下に強い歯がある

[福島]

厚い殻皮は黒緑色

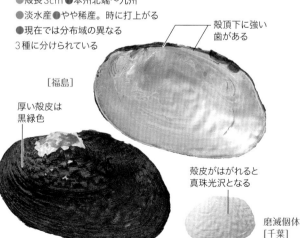

殻皮がはがれると真珠光沢となる

磨滅個体 [千葉]

モシオガイ科
Crassatellidae

⓫ スダレモシオ *Nipponocrassatella nana*
- ●殻長 2.5mm ●茨城・男鹿半島～九州
- ●上部浅海帯・砂底
- ●やや少産 ●海砂に幼貝は普通

殻表に輪肋がある

[愛知]

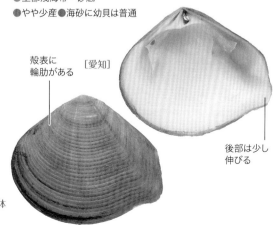

後部は少し伸びる

トマヤガイ科
Carditidae

[鹿児島]

殻は厚く、全面に肋がある

殻頂は前端に寄る

❶ トマヤガイ
Cardita leana
●殻長2cm
●北海道南部〜本州両岸〜沖縄
●外海の潮間帯下部〜潮下帯・岩礁●多産

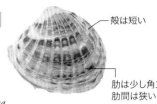

1.2倍

[兵庫]
1.5倍

殻は短い

肋は少し角立ち、肋間は狭い

❷ フミガイ
Megacardita ferruginosa
●殻長15mm●房総・能登半島〜九州
●やや外海の上部浅海帯・砂礫底●やや少産●海砂には普通

[千葉]

殻は❷より細長い

肋は平たく、丸みをおび、肋間は広い

❸ キイフミガイ
Megacardita kiiensis
●殻長2cm●房総半島・兵庫〜九州
●外海の浅海帯・砂礫底●少産●海砂には稀ではない

[岩手]

殻は丸く模様はない

肋は❷より多い

1.5倍

[茨城]

殻皮がはがれると白色

❹ クロマルフミガイ
Cyclocardita nipponensis
●殻長15mm●北海道〜房総・男鹿半島
●外海の浅海帯〜漸深海帯・砂礫底
●やや稀●時に浚渫堆積物で得られる

スエモノガイ科
Thraciidae

[山口]

明確な歯は発達しない

殻はきわめて薄質で白色、ふくらみは強い

❺ シナヤカスエモノガイ
Thracia concinna
●殻長2cm●房総半島・佐渡島〜九州
●外海の上部浅海帯・砂底●少産

ソトオリガイ科
Laternulidae

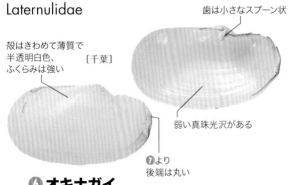

歯は小さなスプーン状

殻はきわめて薄質で半透明白色、ふくらみは強い

[千葉]

弱い真珠光沢がある

❼より後端は丸い

❻ オキナガイ
Laternula japonica
●殻長3cm●北海道南西部〜日本海側・房総半島〜九州
●やや外海の潮下帯・砂泥底●少産

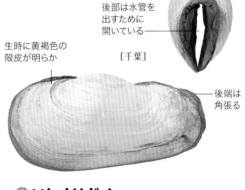

あわさっても後部は水管を出すために開いている

生時に黄褐色の殻皮が明らか

[千葉]

後端は角張る

❼ ソトオリガイ
Exolaternula liautaudi
●殻長4cm●北海道南西部〜本州両岸〜九州
●内湾の潮間帯中下部・砂泥底●普通

サザナミガイ科

Lyonsiidae

1.0倍

［愛知］
1.5倍

小型で殻皮は黄白色、
内面は白色

［千葉］

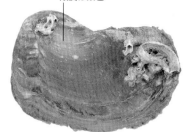

❽より大型になり、
殻皮は栗色

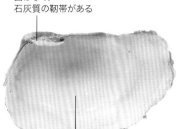

歯はなく、
石灰質の靭帯がある

内面は淡褐色

❽ オビクイ

Agriodesma navicula

●殻長2cm●房総・能登半島〜九州
●外海の潮下帯・岩礁●少産

❾ フトオビクイ *Agriodesma naviculoides*

●殻長4cm●北海道〜房総半島、瀬戸内海●潮下帯・岩礫底●やや少産

エゾオオノガイ科

Myidae

❿ オオノガイ

Mya japonica oonogai

●殻長7cm●北海道〜本州両岸〜九州
●やや内湾の潮間帯〜潮下帯・砂泥底
●普通●食用として水管が珍重される

［山口］
0.5倍

左殻に大きな
スプーン状の歯がある

後端は尖り、
水管が出るように開く

コダキガイ科

Corbulidae

［神奈川］ **1.5倍**

殻は厚く
扁平

［千葉］

殻はきわめて厚く、
成長肋がある

内面の周縁は
ピンク色

［千葉］

1.5倍

⓮⓯より小型で
殻高が低い

⓫ クチベニデ

Anisocorbula venusta

●殻長8mm
●北海道南部〜本州両岸〜九州
●潮下帯・砂礫底●多産

⓬ クチベニガイ

Solidcorbula erythrodon

●殻長2cm●房総・男鹿半島〜九州
●外海の潮下帯・砂底●やや少産

⓭ ヒメヌマコダキガイ

Potamocorbula takatuayamaensis

●別名コガタヌマコダキガイ
●殻長5mm●房総半島・秋田〜九州
●内湾の潮間帯・泥底●少産
●沖積層化石で現生なし

［北海道］

後背部がわずかに角張り、
後端は尖らない

少しふくらむ

右殻が少し大きく、
食い違う

［福岡］

後端は尖る

⓮よりふくらみは弱い

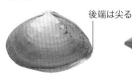

⓮ ヌマコダキガイ

Potamocorbula amurensis

●殻長15mm●北海道〜青森（絶滅？）
●汽水域湖沼の潮下帯・砂泥底●やや稀産

⓯ ヒラタヌマコダキガイ

Potamocorbula laevis

●殻長2cm●有明海●内湾の潮間帯・泥底
●多産●昭和末期の東アジアからの外来種

ニオガイ科
Pholadidae

`1.0倍`

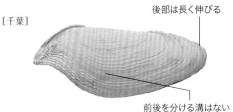

[千葉]

後部は長く伸びる

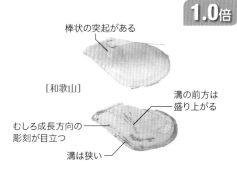

棒状の突起がある

[和歌山]

溝の前方は盛り上がる

むしろ成長方向の彫刻が目立つ

溝は狭い

前後を分ける溝はない

❶ ニオガイ
Barnea (Anchomasa) fragilis
●殻長4cm ●北海道南部〜本州両岸〜九州
●潮下帯・泥岩等に穿孔 ●やや少産

❷ ニオガイモドキ
Zirfaea subconstricta
●殻長3cm ●北海道南部〜本州両岸〜九州
●潮下帯・泥岩等に穿孔 ●少産

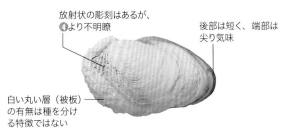

[神奈川]

放射状の彫刻はあるが、❹より不明瞭

後部は短く、端部は尖り気味

白い丸い層（被板）の有無は種を分ける特徴ではない

[千葉]

後部は❸より伸びる

彫刻は明瞭で細かい

❸ カモメガイ
Penitella sp.
●殻長4cm ●北海道〜本州両岸〜九州
●潮下帯・泥岩等に穿孔 ●やや少産

❹ オニカモメガイ
Penitella gabbii
●殻長6cm ●北海道〜関東地方
●潮下帯・泥岩に穿孔 ●やや稀産

キヌマトイガイ科
Hiatellidae

歯はない

後端は広く開く

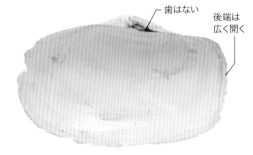

[千葉]

明らかな歯はない

殻形は隙間に入るために変化する

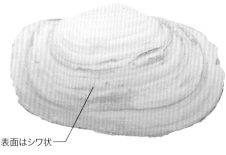

[千葉]

`0.5倍`

表面はシワ状

❺ キヌマトイガイ
Hiatella orientalis
●殻長15mm
●北海道〜本州両岸〜沖縄
●浅海帯・硬質底 ●普通

❻ ナミガイ
Panopea japonica
●殻長12cm
●北海道〜本州両岸〜九州
●やや内湾の上部浅海帯・砂泥底
●やや少産 ●通称白みる

マテガイ科
Solenidae

［千葉］
0.7倍
殻は薄い

⑦と異なり
後部では濃淡の
模様が明瞭

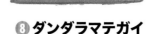

⑧ ダンダラマテガイ
Solen kurodai
●殻長4cm ●房総・男鹿半島〜九州
●やや外海の潮下帯・細砂底 ●少産

［千葉］
殻頂は前端
に位置する

殻は平滑で殻皮は淡色

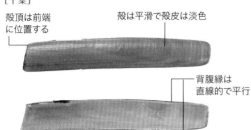

背腹縁は
直線的で平行

⑦ マテガイ
Solen strictus
●殻長8cm ●北海道南西部〜本州両岸〜九州
●内湾の潮間帯下部〜潮下帯・砂泥底 ●普通
●潜った穴に塩を入れて採集することは有名

［山口］
殻は⑦より厚めで、
殻高は大きい

殻皮は濃色

⑨ オオマテガイ
Solen grandis
●殻長12cm ●茨城・男鹿半島〜九州
●外海の浅海帯・砂底 ●現在ではやや稀

ミゾガイ科
Siliquidae

殻は薄い

前後端は丸い

白い
内肋がある

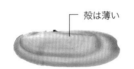

［千葉］
1.0倍

⑩ ミゾガイ
Siliqua pulchella
●殻長3cm ●福島・男鹿半島〜九州
●やや外海の潮下帯の細砂底 ●やや少産

キヌタアゲマキ科
Solecurtidae

前後端は
少し角張る

［愛媛］

殻表に密な
彫刻がある

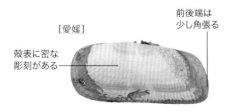

⑪ キヌタアゲマキ
Solecurtus divaricatus
●殻長7cm ●北海道南部〜本州両岸〜九州
●やや内湾の潮下帯・砂泥底 ●やや少産

ナタマメガイ科
Pharellidae

殻はふくらみ、
黄緑色の殻皮がある

［福岡］

殻頂は中央近くにある

前後端は丸い

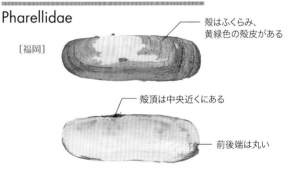

⑫ アゲマキ
Sinonovacula lamarcki
●殻長8cm ●三河湾（絶滅）・瀬戸内海（絶滅）・有明海
●内湾の潮間帯中下部・泥底 ●激減し、やや稀産

ツキガイ科
Lucinidae

1.5倍

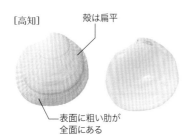

［高知］

殻は扁平

表面に粗い肋が
全面にある

❶ ウミアサ
Ctena delicatula

●殻長 10mm ●房総・男鹿半島〜九州

●外海の潮下帯・岩礫底 ●普通

［沖縄］

表面の肋は
❶より細かい

殻は扁平

❷ ヒメツキガイ
Ctena bella

●殻長 2cm ●紀伊半島〜沖縄

●主にサンゴ礁礁池（イノー）・砂泥底

●やや少産

［山口］
3.0倍

前後には強い
分岐した肋がある

殻は❶よりふくらみが
強く、中央に細かい
放射肋がある

❸ ウメノハナガイ
Pillucina pisidium

●殻長6mm

●北海道南部〜本州両岸〜九州

●内湾の潮下帯・砂泥底 ●普通

フタバシラガイ科
Ungulinidae

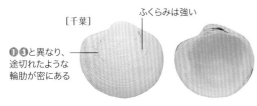

［千葉］

ふくらみは強い

❶❸と異なり、
途切れたような
輪肋が密にある

❹ ヤエウメ
Phlyctiderma japonicum

●殻長15mm ●北海道南部〜本州両岸〜九州

●外海の潮下帯・泥岩に穿孔 ●普通

ウロコガイ科
Galeommatidae

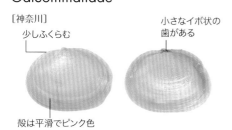

［神奈川］

少しふくらむ

小さなイボ状の
歯がある

殻は平滑でピンク色

❺ イナズママメアゲマキ
Scintilla violescens

●殻長10mm ●房総・能登半島〜九州

●やや外海の潮下帯・岩礫底 ●少産

●類似した殻形で白色〜半透明の種は南ほど多様になり、
中には軟体の突起で歩くものまで見られる

カワホトトギス科
Dreissenidae

小さな隔板がある

［沖縄］
1.2倍

内縁は
きざまれない

足糸で岩などに付着する

❻ イガイダマシ
Mytilopsis adamsi

●殻長2cm ●東京湾・富山湾〜博多湾、沖縄島

●内湾の潮下帯・硬質底 ●やや少産 ●外来種

キクザル科

Chamidae

1.0倍

[和歌山]

殻は大型になり
ピンク色系の
ことが多い

浅い溝

⑦ ヒトエギク
Chama ambigua
●殻長6cm ●房総半島・山口〜九州
●外海の上部浅海帯・岩礁 ●少産

成長肋はヒレ状

固着する左殻は
右へねじれる

[三重]

殻表には短い棘が
放射状に並ぶ

殻は丸い

⑧ キクザル
Chama japonica
●殻長2.5cm ●本州北端（両岸）〜九州
●外海の潮下帯〜上部浅海帯・岩礁 ●普通

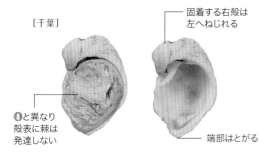

[千葉]

固着する右殻は
左へねじれる

⑧と異なり
殻表に棘は
発達しない

端部はとがる

⑨ サルノカシラ
Pseudochama retroversa
●殻長2.5cm ●茨城・男鹿半島〜九州
●外海の潮下帯・岩礁 ●やや少産

[千葉]

棘は短く、
赤褐色の
ことが多い

⑧に似るが
殻に透明感がある

⑩ イチゴキクザル
Chama cerinorhodon
●殻長15mm ●北海道南西部〜本州両岸〜九州
●外海の上部浅海帯・岩礁 ●普通

シャコガイ科

Tridacnidae

[沖縄]
0.5倍

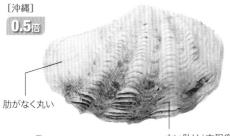

肋がなく丸い

⑪ オオシラナミ
Tridacna maxima

太い肋は4本程度

●殻長15cm ●九州南部〜沖縄 ●主にサンゴ礁の
潮下帯・岩礁 ●普通 ●トガリシラナミを用いる場合
はこちらをシラナミとすることもある。この図鑑では、
シラナミの和名は2種の包括名とした

[沖縄]
0.5倍

肋があり尖る

太い肋は
5本以上

⑫ ナガジャコ
Tridacna noae
●別名トガリシラナミ ●殻長10cm ●紀伊半島〜沖縄
●主にサンゴ礁の潮下帯・岩礁 ●やや少産

107

ザルガイ科

Cardiidae

1.0倍

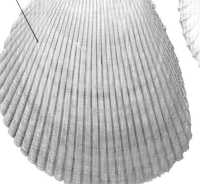

[大分]

殻表には
多くの肋がある

後背部は
直線的で平たい

後背部は緩やかに
カーブし、丸い

[愛媛]

❶より肋数が
多い

❶ ザルガイ

Vasticardium burchardi

●殻長6cm ●房総・男鹿半島〜九州
●やや外海の上部浅海帯・砂底 ●やや少産

❷ キヌザル

Vasticardium arenicolum

●殻長4cm
●房総・男鹿半島〜九州
●外海の潮下帯〜上部浅海帯・砂底
●やや少産

殻は極めて厚い

前部の月面は
大きくくぼむ

[鹿児島]

肋は角張らず
少し丸い

殻は薄く、光沢は弱い

幼貝
[山口]

前・後部で肋は明らかで、
殻皮も残ることが多い

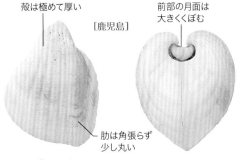

❸ モクハチアオイ

Lunulicardia auricula

●殻高3cm ●房総半島〜九州 ●潮下帯・砂底
●稀産だが、錦江湾では殻が多産する
●沖積層化石がほとんどで、最近は生息が確認
されていない

❹ トリガイ

Fulvia mutica

●殻長8cm ●北海道南西部〜本州両岸〜九州
●やや内湾の上部浅海帯・砂泥底 ●普通

アサジガイ科

Semelidae

[愛知]

1.5倍

❹と異なり殻頂から赤紫の
放射彩がでることが多い

中央部に
肋はなく、
光沢が強い

[愛媛]

2.0倍

❺と異なり
マダラ模様はない

後端は
直線的で、
後部の
肋は太い

[兵庫]

2.0倍

殻は大きくならない

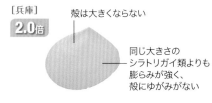

同じ大きさの
シラトリガイ類よりも
膨らみが強く、
殻にゆがみがない

❺ マダラチゴトリガイ

Fulvia undatopicta

●殻長12mm ●茨城・男鹿半島〜九州
●やや外海の上部浅海帯・砂泥底 ●普通

❻ チゴトリガイ

Fulvia hungerfordi

●殻長8mm ●房総半島・兵庫〜九州
●内湾の上部浅海帯・泥底 ●少産
●浚渫堆積物等で得られ、打上がるこ
とは稀

❽ シロバトガイ

Abrina lunella

●殻長8mm ●房総・能登半島〜九州
●やや内湾の上部浅海帯・砂泥底
●やや少産 ●瀬戸内海の海砂に多い

ニッコウガイ科
Tellinidae

0.7倍

二枚貝類（二枚貝綱）

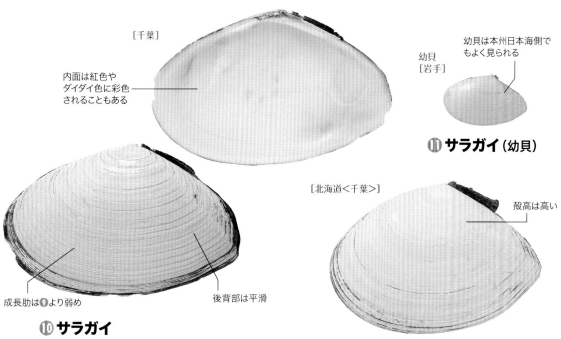

殻高は⑩より少し低い

[北海道<石川>]

内面はピンク色のことも多いが、確実な識別点ではない

成長肋は強い

後背部に成長肋がある

⑨ アラスジサラガイ *Megangulus zyonoensis*
●殻長8cm●北海道～三陸、日本海には分布しないようである●外海の上部浅海帯・砂底
●やや少産●サラガイよりも生息水深は深いようである

[千葉]

内面は紅色やダイダイ色に彩色されることもある

幼貝は本州日本海側でもよく見られる

幼貝
[岩手]

⑪ サラガイ（幼貝）

[北海道<千葉>]

殻高は高い

成長肋は⑨より弱め

後背部は平滑

⑩ サラガイ
Megangulus venulosus
●殻長8cm●北海道～房総半島・鳥取●外海の上部浅海帯・砂底
●普通●背高型とは同所的に生息しないようである。能登半島以西
では幼貝が打上がる。白貝の名で販売

⑫ サラガイ（背高型）
Megangulus venulosa [higher type]
●殻長6cm●北海道東部

[愛知]

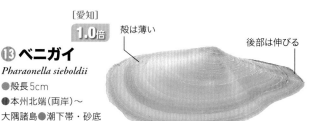

1.0倍

殻は薄い

後部は伸びる

⑬ ベニガイ
Pharaonella sieboldii
●殻長5cm
●本州北端（両岸）～
大隅諸島●潮下帯・砂底
●少産●以前は多かった種

[兵庫]

1.0倍

殻は厚く膨らみは弱い

後背縁は直線的

⑭ ユウヒザクラ
Pristipagia ojiensis
●殻長12mm
●房総半島・陸奥湾～九州
●やや外海の上部浅海帯・砂泥底
●少産

成長肋は密で明らか

ニッコウガイ科

1.5倍

Tellinidae

［福岡］

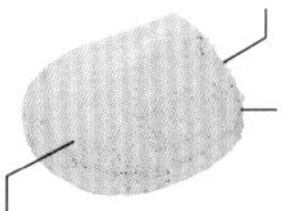
小さい棘の列がある
後端は
伸びない
弱い成長肋がある

［千葉］

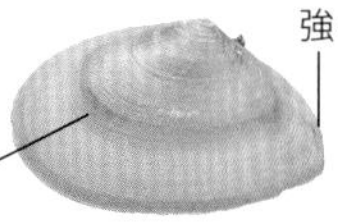
後端が
強く尖る
ピンク色で色彩の
変異は少なく、
濃く年輪状に染まる

［山口］

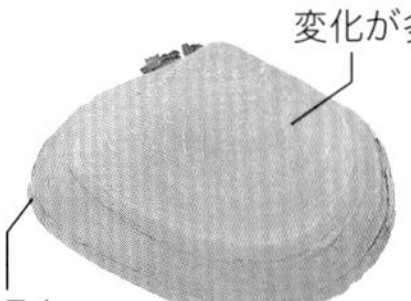
殻はふくらみ、
白・紅・黄と
変化が多い
後部は短く、
後端は尖らない

❶トゲウネガイ

Quadrans parvitas

●殻長10mm
●房総半島・佐渡島～九州
●やや外海の上部浅海帯・砂泥底
●やや少産

❷モモノハナガイ

Moerella hilaris

●別名エドザクラ●殻長12mm
●三陸・男鹿半島～九州
●やや外海の潮下帯・砂泥底
●やや少産●激減している

❸ユウシオガイ

Jitlada culter

●殻長12mm
●房総半島・陸奥湾～九州
●内湾の潮間帯下部・砂泥底
●やや少産●減少後、復活しつつある

❹トガリユウシオガイ

Jitlada juvenilis

●殻長10mm
●静岡・能登半島～沖縄
●内湾の潮間帯下部・砂泥底
●少産
●近年北へ分布を拡大している

［沖縄］

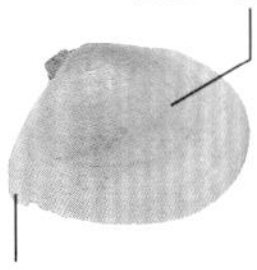
殻はふくらみ、
紅色で変化は少ない
後部は短く、
❸と異なり後端は尖る

［長崎］

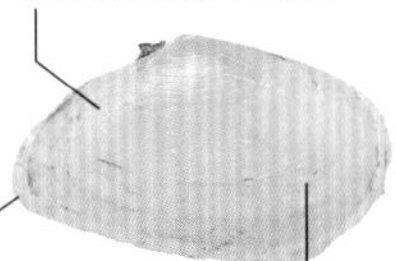
弱い金属光沢がある
後部は伸び、
後端は尖る
殻は❽に比べてやや厚く、
殻高は高い

❺テリザクラ

Iridona iridescens

●殻長15mm
●東京湾（絶滅？）～九州（有明海）
●内湾の潮間帯下部・砂泥底
●やや稀産

［石川］

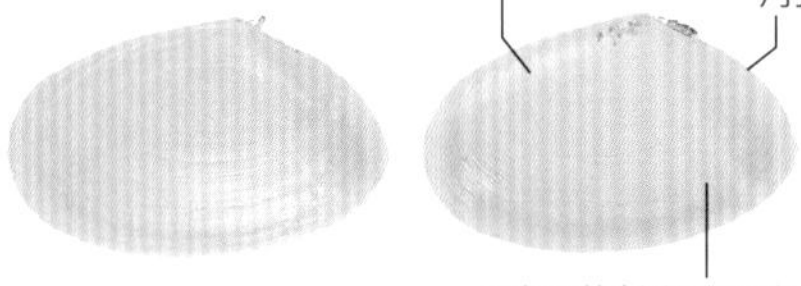
金属光沢がある
❼と異なり
角張らない
2本の放射彩は明瞭

❻カバザクラ

Nitidotellina valtonis

●殻長15mm●三陸・男鹿半島～九州
●外海の潮下帯・砂泥底●やや少産
●時に大量に打上げられる

［神奈川］

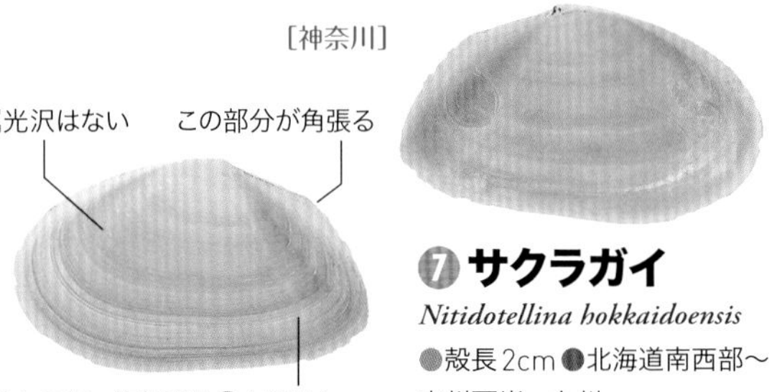
金属光沢はない
この部分が角張る
2本の白い放射彩は❻より弱く、
不明瞭

❼サクラガイ

Nitidotellina hokkaidoensis

●殻長2cm●北海道南西部～
本州両岸～九州
●やや内湾の潮下帯・砂泥底
●やや少産

［岩手］

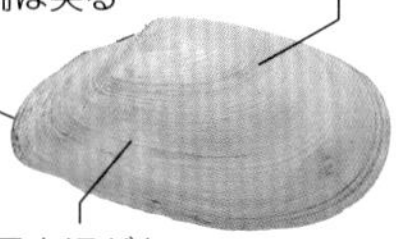
後端は尖る
殻は薄く、殻高は低い
金属光沢がある

［愛媛］

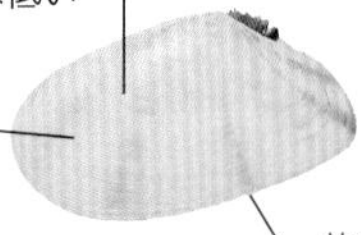
殻は少し厚めで、
殻高は低い
斜めの彫刻は
弱いが明瞭
放射彩は目立つ

［長崎］

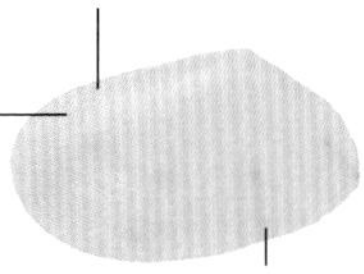
殻は❾より薄く、
殻高は高い
斜めの彫刻は
時に認識でき
ないほど弱い
放射彩は不明瞭

❽ウズザクラ

Nitidotellina lischkei

●殻長15mm
●北海道南部～本州両岸～九州
●やや内湾の潮下帯・砂泥底
●やや少産●打上げられることは
少ないが、浚渫堆積物中には普通

❾シボリザクラ

Jactellina clathrata

●殻長15mm●房総半島～沖縄
●外海の潮下帯・砂泥底●やや少産
●図鑑によって、本種とミクニシボリ
ザクラが逆の場合もある

❿ミクニシボリザクラ

Jactellina compta

●殻長15mm
●房総・男鹿半島～大隅諸島
●外海の潮下帯・砂泥底
●やや少産
●和名の漢字表記は、御国絞り桜

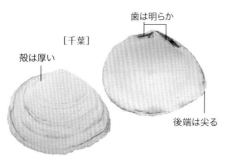

[千葉]

殻は厚い

歯は明らか

後端は尖る

⑪ シラトリモドキ
Heteromacoma irus
●殻長4cm●北海道南部〜本州両岸〜
九州●外海の潮間帯下部〜潮下帯・
岩礁底●普通

[千葉]

⑪と比較して
後端は丸い

⑫ マルシラトリモドキ
Heteromacoma oyamai
●殻長3cm●房総半島東岸・
男鹿半島等●外海の潮下帯・
泥岩等に穿孔●少産

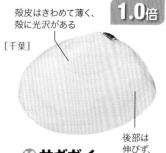

1.0倍

殻皮はきわめて薄く、
殻に光沢がある

[千葉]

後部は
伸びず、
殻高は高い

⑬ サギガイ
Rexithaerus sectior
●殻長4.5cm
●北海道〜本州両岸〜九州
●潮下帯・砂泥底●普通

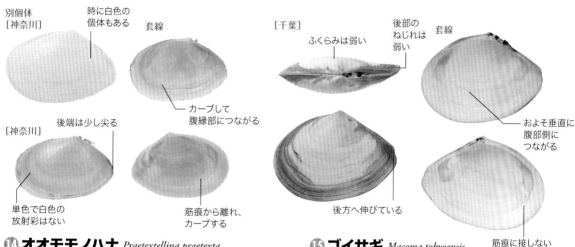

別個体
[神奈川]

時に白色の
個体もある

套線

カーブして
腹縁部につながる

[神奈川]

後端は少し尖る

単色で白色の
放射彩はない

筋痕から離れ、
カーブする

⑭ オオモモノハナ *Praetextellina praetexta*
●殻長3cm●仙台湾・男鹿半島〜九州
●やや外海の潮下帯・砂泥底●やや少産
●減少している種

[千葉]

ふくらみは弱い

後部の
ねじれは
弱い

套線

およそ垂直に
腹部側に
つながる

後方へ伸びている

筋痕に接しない

⑮ ゴイサギ *Macoma tokyoensis*
●殻長4cm●北海道南部〜本州両岸〜九州
●内湾の上部浅海帯・砂泥底●やや少産

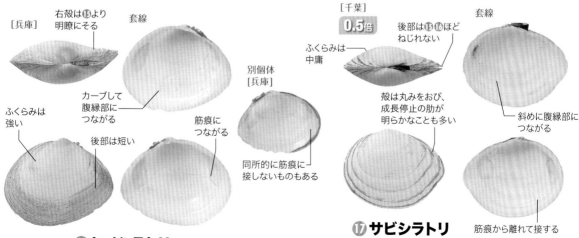

[兵庫]

右殻は⑬より
明瞭にそる

套線

カーブして
腹縁部に
つながる

ふくらみは
強い

後部は短い

筋痕に
つながる

別個体
[兵庫]

同所的に筋痕に
接しないものもある

⑯ ヒメシラトリ *Macoma incongrua*
●殻長3cm●北海道〜本州両岸〜九州
●内湾潮間帯下部〜潮下帯・砂泥底●多産

[千葉]

0.5倍

ふくらみは
中庸

後部は⑬⑯ほど
ねじれない

套線

殻は丸みをおび、
成長停止の肋が
明らかなことも多い

斜めに腹縁部に
つながる

⑰ サビシラトリ
Limecola contabulata
●殻長4cm●北海道東岸〜本州両岸〜九州
●内湾・河口干潟の潮間帯中部・砂泥底●やや稀

筋痕から離れて接する

イソシジミ科

Psammobiidae

1.0倍

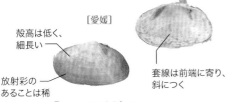

[愛媛]

殻高は低く、細長い

放射彩のあることは稀

套線は前端に寄り、斜につく

套線は❶より浅く、コの字状

殻高は高い [千葉]

別個体[千葉]

紫色の放射彩のあることが多い

❶ オチバガイ

Gari (Psammotaena) chinensis

●殻長3cm ●房総・能登半島～九州

●やや内湾の潮間帯下部・砂泥底 ●少産

●この科のいくつかの種では近年、南からの分布拡大も顕著

❷ ハザクラ

Gari (Psammotaena) crassula

●殻長3cm ●房総・能登半島～沖縄

●内湾や河口干潟の潮間帯・砂泥底

●少産

[岩手]

0.7倍

両殻のふくらみはほぼ等しい

後端は❻より尖る

白色の放射彩はなく、殻皮は強い光沢のある栗色

❸ エゾイソシジミ

Nuttallia ezonis

●殻長5cm ●北海道～鹿島灘

●やや外海の潮下帯・砂底 ●やや少産

左殻は右殻よりふくらみが強い

内面は紫

[千葉]

殻はやや薄い

2本の白色の放射彩は明らか

❹ イソシジミ

Nuttallia japonica

●殻長4cm ●北海道南部～日本海側・房総半島～九州

●やや内湾の潮下帯・砂泥底 ●やや稀産 ●激減している種

[鹿児島]

殻は❻より厚く、左右殻のふくらみは同じ

❺ アツイソシジミ

Nuttallia solida

●殻長5cm ●三浦半島～九州

●やや外海の潮下帯・砂泥底 ●稀

●ワスレイソシジミとは別種。残存している地域はごく僅かと思われる

❻ ワスレイソシジミ

Nuttallia obscurata

●殻長4cm

●北海道～本州両岸～九州

●内湾・河口干潟の潮間帯下部～潮下帯・砂泥底

●やや少産

●本種は(多分、中国由来で)北アメリカ西岸に定着。あけみ貝の名で釣り餌にされる。東京湾では外来群が定着

[千葉]

0.8倍

❹と異なり左右殻のふくらみは同じ

後部はあまり伸びない

白色の放射彩が不明瞭なこともあり、殻皮は黒褐色

バカガイ科
Mactridae

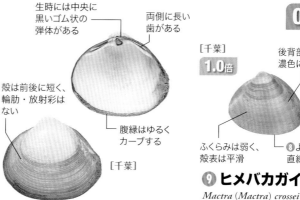

0.7倍

[神奈川]

淡褐色の放射彩が
あることが多い

前後に長く、
腹縁に輪肋が
あることが多い

❼ バカガイ
Mactra (Mactra) chinensis
●殻長7cm●北海道〜本州両岸〜九州
●潮間帯下部〜上部浅海帯・砂泥底●多産

生時には中央に
黒いゴム状の
弾体がある

両側に長い
歯がある

殻は前後に短く、
輪肋・放射彩は
ない

腹縁はゆるく
カーブする

[千葉]

❽ シオフキ
Mactra (Mactra) quadrangularis
●殻長3cm●東北地方両岸〜九州
●内湾の潮間帯下部・砂泥底
●普通

[千葉]

1.0倍

後背部は
濃色になる

ふくらみは弱く、
殻表は平滑

❽より腹縁は
直線的

❾ ヒメバカガイ
Mactra (Mactra) crossei
●殻長2.5cm●三陸〜九州
●外海の潮下帯・砂底●やや少産

[千葉]

殻頂は淡い紫色

殻は薄く、
表面は平滑

❿ アリソガイ
Mactra (Coelomactra) antiquata
●殻長10cm●房総・男鹿半島〜九州
●外海の潮下帯・砂底●やや稀

殻は厚く、
ふくらみは強い

[千葉]

幼貝では黄白色、
成長すると
褐色〜黒色の
殻皮が明瞭

⓫ ウバガイ
Spisula (Pseudocardium) sachalinensis
●殻長10cm●北海道〜房総半島東岸
●外海の潮下帯・砂底●多産●通称ほっき貝

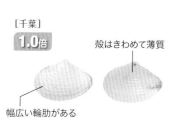

[千葉]

1.0倍

殻はきわめて薄質

幅広い輪肋がある

⓬ チヨノハナガイ
Raeta (Raetella) pulchella
●殻長12mm●北海道南部〜本州両岸〜九州
●潮下帯・砂泥底●やや少産

[千葉]

殻は厚く、
ふくらみは強い

殻は横長

後部は水管を
出すために開く

⓭ ミルクイ *Tresus keenae*
●殻長10cm●北海道南部〜本州両岸〜九州
●内湾の潮下帯・砂泥底●少産●激減した種。通称みる貝

フジノハナガイ科

Donacidae

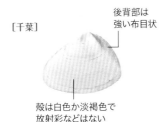

[千葉]

後背部は
強い布目状

殻は白色か淡褐色で
放射彩などはない

[大分]

彫刻は❶より弱い

殻はやや厚く、平滑で、
放射彩など色付くことが多い

1.5倍

❶ フジノハナガイ

Donax (Deltachion) semigranosus

●殻長 12mm ●茨城・男鹿半島〜九州

●外海の潮間帯・砂底 ●所によって多産

❷ ナミノコガイ

Donax (Latona) cuneata

●殻長 2cm ●房総・男鹿半島〜沖縄

●外海の潮間帯・砂底 ●所によって普通

イソハマグリ科

Mesodesmatidae

[山口]

下方へ尖る弾体受と
両側に明らかな歯

光沢のない
濃緑褐色の殻皮

❸ クチバガイ

Coecella chinensis

●殻長 2cm ●北海道南西部〜本州両岸〜九州

●潮間帯・砂礫底 ●やや少産

[福井]
2.0倍

殻頂は淡いダイダイ色

小型で、
緑褐色の
放射彩がある

❹ チドリマスオ

Donacilla picta

●殻長 10mm ●房総・能登半島〜沖縄

●潮下帯・砂底 ●やや少産

フナガタガイ科

Trapezidae

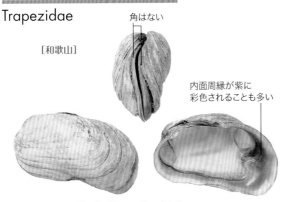

[和歌山]

角はない

内面周縁が紫に
彩色されることも多い

濁った白色で
光沢はない

[千葉]

❺と異なり
強い角がある

❺ タガソデモドキ

Neotrapezium sublaevigatum

●殻長 3cm ●房総半島・兵庫〜沖縄

●やや外海の潮間帯中下部・硬質底 ●少産

❻ ウネナシトマヤ

Neotrapezium liratum

●殻長 4cm ●房総・津軽半島〜九州

●内湾の潮間帯中下部・硬質底 ●やや少産

●東京湾等では外来群が定着

イワホリガイ科
Petricolidae

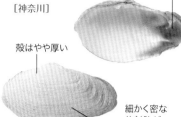

［神奈川］

後端部は
褐色に彩色

殻はやや厚い

細かく密な
放射肋が
あり布目状

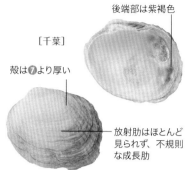

後端部は紫褐色

［千葉］

殻は❼より厚い

放射肋はほとんど
見られず、不規則
な成長肋

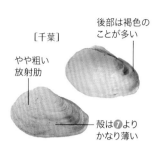

［千葉］

後部は褐色の
ことが多い

やや粗い
放射肋

殻は❼より
かなり薄い

❼ シオツガイ
Petricolirus aequistriatus

●殻長3cm●北海道南西部〜日本海側・
茨城〜九州●外海の潮下帯・泥岩に穿孔
●やや少産●生貝は減少

❽ チヂミイワホリガイ
Petricolirus habei

●殻長2cm
●北海道南西部〜本州両岸〜九州
●外海の潮下帯・泥岩に穿孔するらしい
●少産

❾ ウスカラシオツガイ
Ptericola (*Rupellaria*) sp.

●殻長2cm
●東京湾〜瀬戸内海〜博多湾
●内湾の潮下帯・硬質底●普通
●20世紀末に定着した外来種

シジミ科
Cyrenidae

［千葉］

光沢のある
黒い殻皮

内面は白色

別個体
［島根］

すれると殻頂近くの
内面は紫色の
こともある

すれた打上個体の
多くは放射彩が
明瞭だったり、
栗色だったりする

別個体
［千葉］

［京都］

❶❷と異なり
腹縁と中央は
淡い紫色

輪肋が
明らか

❿ ヤマトシジミ
Corbicula japonica

●殻長2cm●北海道〜九州●河口汽水域の潮下帯・砂礫底
●多産●食用はほぼ本種。古い打上殻も多い

⓫ マシジミ
Corbicula leana

●殻長2cm●本州〜九州●淡水域・砂礫底
●稀産。過去には多産
●現在の遺伝子解析等による生物学的な取り扱いでは
外来種のタイワンシジミと同種とされる。しかし、この
図鑑では認識できる群として"別種"とした。縄文貝塚
からは出土せず、以降に持ち込まれたと考えられる

［千葉］

殻皮が黄色の
群も多い

内面は染分けられ
ないことも多い

別個体
［千葉］

腹縁が染分け
られるものでは、
マシジミより濃色

歯が紫色に染まる

［千葉］

内面は白色

⓬ タイワンシジミ
Corbicula fluminea

●殻長12mm●本州〜沖縄●淡水域・砂礫底●多産
●21世紀に全国に広がった外来種。都市公園等で大
量発生するのはこの種。打上げもある

⓭ タイワンシジミ（カネツケシジミ型）
Corbicula fluminea [*insularis* type]

●内面が白色で歯の部分が紫。定着初期に多かった型

マルスダレガイ科

Veneridae

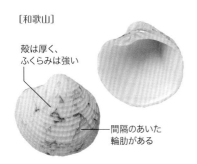

[和歌山]

殻は厚く、ふくらみは強い

間隔のあいた輪肋がある

❶ マルスダレガイ

Globivenus toreuma

●殻長2.5cm ●房総半島・若狭湾〜沖縄

●外海の潮下帯・岩礁底 ●やや少産

[高知]
2.0倍
殻は薄い

明かな放射肋

❷ ヒメカノコアサリ

Timoclea micra

●殻長8mm ●本州北端（両岸）〜九州

●潮下帯・砂泥底 ●普通

[愛知] 輪肋は板状

海砂由来の個体では放射彩はなくなる

放射状の色彩がある

別個体[徳島]

❸ ハナガイ

Placamen foliaceum

●殻長15mm ●房総・男鹿半島〜九州

●浅海帯・砂底 ●やや少産

●海砂でも得られる

[北海道]
0.7倍

特に殻頂部で低い板状の輪肋が明瞭

殻は厚く、ふくらみは弱い

❹ ビノスガイ

Securella stimpsoni

●殻長10cm ●北海道〜房総半島

●外海の上部浅海帯・砂底 ●普通

[千葉〈沖縄〉]
0.7倍

殻は厚く、ふくらみがある

後端は紫に彩色されることも多い

❹と異なり輪肋は不明瞭となる

幼貝[千葉]

幼貝は❸に似るが丸い

❺ ホンビノスガイ

Mercenaria mercenaria

●殻長5cm ●東京湾 ●内湾の潮下帯・砂泥底 ●多産

●外来種で、全国で生貝が販売、廃棄殻も海岸で得られる

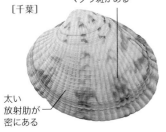

❼❽と異なり変化の多いマダラ斑がある

[千葉]

太い放射肋が密にある

❻ オニアサリ

Novathaca jedoensis

●殻長3cm

●北海道南西部〜本州両岸〜九州

●潮下帯・岩礁底 ●普通

[千葉]

縁部に放射肋はなく、成長肋のみ

殻表は布目状

❼ ヌノメアサリ

Novathaca euglypta

●殻長3cm ●北海道〜房総半島東岸

●外海の潮間帯下部〜潮下帯・岩礁底

●やや少産

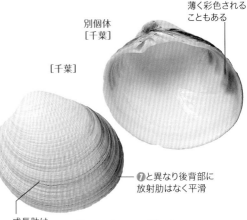

別個体[千葉]

薄く彩色されることもある

[千葉]

❼と異なり後背部に放射肋はなく平滑

成長肋は目立たない

❽ メオニアサリ

Novathaca schencki

●殻長3cm ●三陸〜紀伊半島東岸

●外海の潮下帯・岩礁底 ●少産

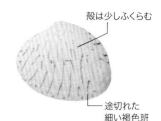

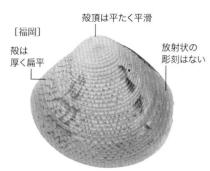

1.0倍

[福岡]

殻は厚く扁平

殻頂は平たく平滑

放射状の彫刻はない

❾ シラオガイ
Circe scripta

●殻長3.5cm ●房総・能登半島〜九州
●内湾の潮下帯・砂泥底藻場 ●少産
●生貝の得られる場所は限定的

[和歌山]

殻頂は扁平とならない

❾にはない放射状の彫刻がある

❿ アツシラオガイ
Circe lirata

●殻長3cm ●紀伊半島〜沖縄
●外海の浅海帯・砂礫底 ●少産
●浚渫堆積物でも得られる

[八丈島]

殻は少しふくらむ

途切れた細い褐色斑

⓫ ヒメイナミ
Gafrarium dispar

●殻長2cm ●房総半島・山口〜沖縄
●外海の潮下帯・砂礫底 ●普通
●イナミガイはアラスジケマンの別名とされることもあるが、混乱を避けるため本図鑑では用いない

[山口]

⓮と異なり褐色で、色彩の変化は少ない

放射状の彫刻が明瞭

❾❿にはない細い肋がある

⓬ ケマンガイ
Gafrarium divaricatum

●殻長3cm ●房総・能登半島〜九州
●やや内湾の潮間帯下部・砂礫底 ●やや少産

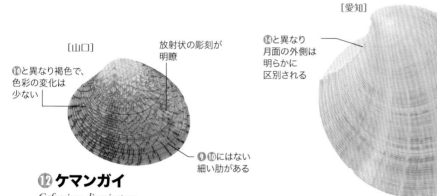

[愛知]

⓮と異なり月面の外側は明らかに区別される

後背部の輪肋は棘状になる

褐色の放射彩がある

⓭ ヒナガイ
Dosinia (Dosinorbis) bilunulata

●殻長6cm ●房総半島〜九州北岸
●外海の上部浅海帯・砂底 ●少産

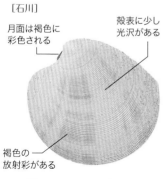

[石川]

月面は褐色に彩色される

殻表に少し光沢がある

褐色の放射彩がある

⓮ マルヒナガイ
Dosinia (Asa) cumingii

●殻長4cm
●北海道南部〜本州両岸〜九州
●やや外海の浅海帯・砂底 ●普通

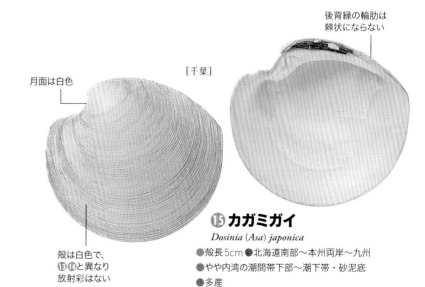

月面は白色

[千葉]

後背縁の輪肋は棘状にならない

殻は白色で、⓭⓮と異なり放射彩はない

⓯ カガミガイ
Dosinia (Asa) japonica

●殻長5cm ●北海道南部〜本州両岸〜九州
●やや内湾の潮間帯下部〜潮下帯・砂泥底
●多産

マルスダレガイ科
Veneridae

[北海道＜岩手＞] **1.0倍** **0.7倍**

❷ アサリ（北海道型）
Ruditapes philippinarum
[Hokkaido type]
●大型で後部が伸びる

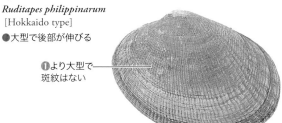

❶より大型で
斑紋はない

[千葉] **1.0倍**

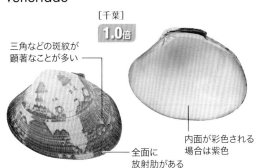

三角などの斑紋が
顕著なことが多い

全面に
放射肋がある

内面が彩色される
場合は紫色

❶ アサリ *Ruditapes philippinarum*
●殻長3cm●北海道両岸〜本州両岸〜九州●潮間帯〜
潮下帯・砂泥底●多産●主な産地で激減している

[黄海＜千葉＞] **1.0倍**

❶と異なり斑紋は
目立たない

❸ アサリ（黄海型）
Ruditapes philippinarum
[Yellow Sea type]
●やや細長く、斑紋は細かい

[山形] **1.0倍**

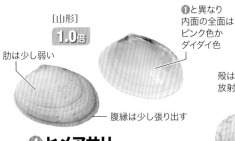

肋は少し弱い

❶と異なり
内面の全面は
ピンク色か
ダイダイ色

腹縁は少し張り出す

❹ ヒメアサリ
Ruditapes aspera
●殻長2.5cm●房総・男鹿半島〜沖縄
●潮間帯下部〜潮下帯・砂泥底●普通

[神奈川]

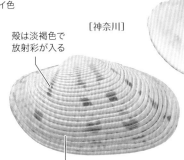

殻は淡褐色で
放射彩が入る

輪肋はやや粗い

❺ スダレガイ *Paphia euglypta*
●殻長6cm
●北海道南西部〜本州両岸〜九州
●浅海帯・砂泥底●少産
●減少している種

[千葉]

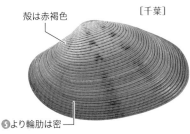

殻は赤褐色

❺より輪肋は密

❻ サツマアカガイ
Paphia amabilis
●殻長7cm
●房総・男鹿半島〜九州
●浅海帯・砂泥底●やや少産

[千葉]

❺❻と異なり
輪肋は弱く、
平滑なことも多い

❼ アケガイ
Paphia vernicosa
●殻長5cm●北海道南西部〜本州両岸
〜九州●上部浅海帯・砂泥底●やや少産

[千葉]

殻は❾より
大型になり、扁平

腹縁は丸みを
おびる

❽ コタマガイ
Gomphina (Macridiscus) melanaegis
●殻長5cm ●北海道南西部〜本州両岸〜九州
●外海の潮下帯・砂底●多産●日本海側に多い

[宮崎]

❽と異なり
後背部は
弱く角立つ

腹縁は
❽より直線的

前背部は少し
張り出す

❾ オキアサリ
Gomphina (Macridiscus) multifarius
●殻長4cm●房総・能登半島〜九州
●やや外海の潮間帯中部・砂底
●少産●コタマガイより上位に生息

[韓国]
2.0倍

前背縁は
少し張り出す

1.0倍

[千葉]

❶❸と異なり
表面は平滑で、
光沢がある

❿ **キタノフキアゲアサリ**
Gomphina (*Gomphina*) *neastartoides*
●殻長12mm●北海道南西部～本州両岸
（三陸を除く）～九州●潮下帯・砂底
●やや少産

❽❾と異なり
後端は丸い

[千葉]

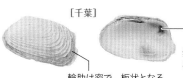

紫に彩色される
ことが多い

輪肋は密で、板状となる

うす紫の
放射彩

⓬ **マツヤマワスレ**
Callista chinensis
●殻長5cm●福島・男鹿半島～九州
●外海の上部浅海帯・砂底●普通

⓫ **マツカゼ** *Irus mitis*
●殻長2.5cm●本州北端（両岸）～九州
●外海の潮間帯下部～潮下帯・岩礁、時に穿孔
●多産

[千葉]
0.5倍

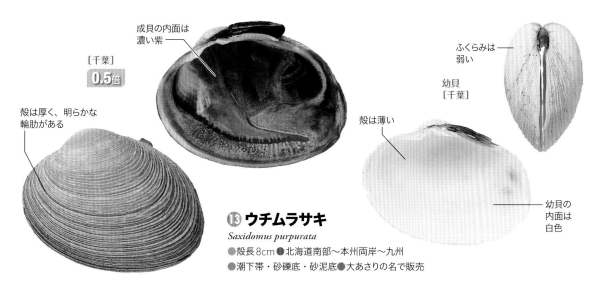

成貝の内面は
濃い紫

殻は厚く、明らかな
輪肋がある

ふくらみは
弱い

幼貝
[千葉]

殻は薄い

⓭ **ウチムラサキ**
Saxidomus purpurata
●殻長8cm●北海道南部～本州両岸～九州
●潮下帯・砂礫底・砂泥底●大あさりの名で販売

幼貝の
内面は
白色

[千葉]

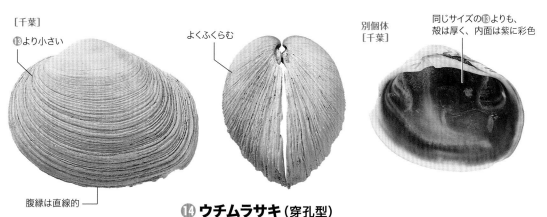

⓭より小さい

よくふくらむ

別個体
[千葉]

同じサイズの⓭よりも、
殻は厚く、内面は紫に彩色

腹縁は直線的

⓮ **ウチムラサキ（穿孔型）**
Saxidomus purpurata [boring type]
●殻長5cm●関東地方●潮下帯・砂岩や泥岩に穿孔

マルスダレガイ科

Veneridae

1.0倍

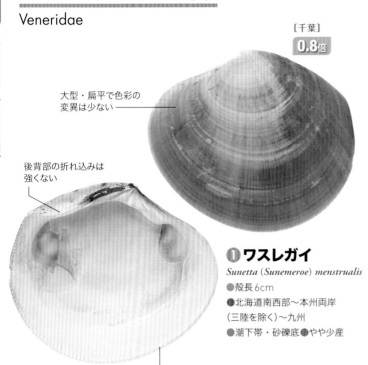

[千葉]
0.8倍

大型・扁平で色彩の変異は少ない

後背部の折れ込みは強くない

周縁は刻まれる

❶ ワスレガイ

Sunetta (Sunemeroe) menstrualis

●殻長6cm
●北海道南西部〜本州両岸
（三陸を除く）〜九州
●潮下帯・砂礫底●やや少産

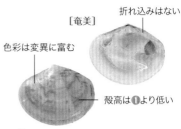

[奄美]

折れ込みはない

色彩は変異に富む

殻高は❶より低い

❷ シマワスレ

Sunetta (Sunemeroe) kirai

●殻長2cm●房総半島・九州北部〜沖縄
●外海の潮下帯・砂底●所によって多産

❶❷と異なり強く折れ込む

[徳島]

小型で少しふくらむ

❸ ベニワスレ

Sunetta (Sunemeroe) beni

●殻長2cm●房総半島・福井〜九州北部
●やや内湾の上部浅海帯・砂底●少産

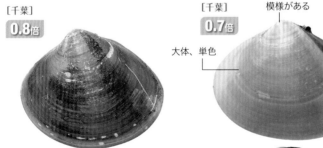

[千葉]
0.8倍

腹縁は丸みをおびる

湾入下端は突出しない

❹ ハマグリ

Meretrix lusoria

●殻長5cm
●北海道南部〜本州両岸〜九州
●内湾の潮間帯下部・砂泥底
●少産。激減
●沖積産化石は外海でも拾える

[千葉]
0.7倍

殻頂にハの字の模様がある

大体、単色

腹縁は直線的

❹と異なり湾入の下端は尖って突出する

❺ チョウセンハマグリ

Meretrix lamarckii

●別名ゴイシハマグリ・汀線蛤
●殻長7cm●本州両岸（三陸を除く）〜九州
●外海の潮下帯・砂底●多産
●朝鮮半島にはほぼ分布しないが、チョウセンフデ等と同様に、ハマグリとは別種という事で江戸時代に名付けられたもの

[黄海<千葉>]
0.7倍

殻高は❹より高い

後背部は紫に染まることが多い

突出しない

❻ シナハマグリ

Meretrix petechialis

●殻長6cm●中国沿岸等（黄海）
●潮干狩り用に大量に放されている
●食用ハマグリの大多数
●貝類では、シナの和名に対して統一的な変更を行っていない

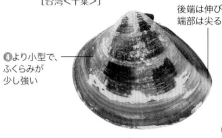

［台湾＜千葉＞］

❹より小型で、
ふくらみが
少し強い

後端は伸び、
端部は尖る

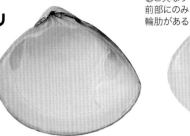

❼ タイワンハマグリ

Meretrix sp.

●殻長3.5cm
●台湾西岸
●同じ遺伝子型のものが
東京湾に定着したとされる。
食用販売される

［ベトナム＜千葉＞］

放射彩や
まだら班がない

❹と異なり
前部にのみ
輪肋がある

❽ ハンボリハマグリ

Meretrix lyrata

●殻長4cm ●ベトナム等
●時に食用販売。以前にミス
ハマグリと呼ばれていたこともある

［中国・広西］

大きくならず、
全面に輪肋が明瞭

殻高は❽より低い

❾ ミスハマグリ

Meretrix planisulcata

●殻長2cm ●南中国海南北端部
●ハンボリハマグリと間違えられていた種

褐色の濃い色彩で、
周縁は濃い紫

［千葉］

套線湾入の上部は
上方へ傾く

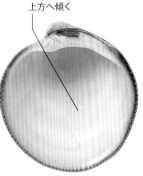

❿ オキシジミ

Cyclina sinensis

●殻長3.5cm ●陸奥湾～本州両岸～九州
●内湾の潮間帯下部・泥底 ●やや少産
●沖積産化石も多い

色彩は淡く、
周縁は濃い紫に
ならない

❿と比較すると
套線湾入の上部
は水平に近い

［沖縄］

腹縁は弱く
角張ることも多い

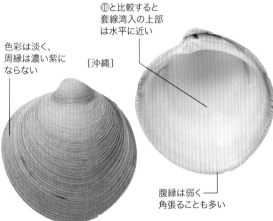

⓫ ダテオキシジミ

Cyclina orientalis

●殻長3.5cm ●沖縄島
●内湾の潮間帯下部・砂泥底 ●やや少産

殻は❽より
ふくらむ

月面はくぼむ

［愛媛］

全面に密で顕著な
輪肋がある

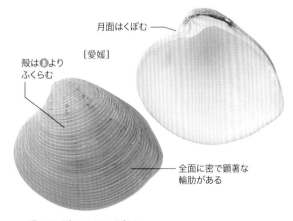

⓬ スダレハマグリ

Marcia japonica

●殻長3.5cm ●紀伊半島～沖縄 ●内湾の潮間帯下部・砂泥底
●やや少産 ●近年分布域を北へ拡大

第3章
ツノガイ類（掘足綱）

ツノガイ科

Dentaliidae

[千葉<化石>]

肋には強弱がある

上方の1/3程に
肋があり、他は
平滑で光沢がある

殻頂拡大
4.0倍

❶ ツノガイ
Antalis weinkauffi
●殻長8cm●本州北端両岸〜九州
●外海の浅海帯〜漸深海帯・砂泥底
●やや少産●まず打上がることはないが、
関東の限定された場所では打ち上がる。
また化石由来個体が得られることもある

殻口は円形

[愛知]

殻頂部以外は平滑

肋は極めて弱い

❶より殻口側へ
径が増し、
殻口は円形

殻頂拡大
4.0倍

❷ ミガキマルツノガイ
Antalis tibana
●殻長5cm●茨城・能登〜九州
●外海の浅海帯・砂泥底●少産
●稀に打上がる海岸があり、
時に海砂にも含まれる

[千葉]

肋は8本前後で、
❹より少し細い

殻口拡大
4.0倍

殻口は
八角形など

❸ ヤカドツノガイ
Dentalium (Paradentalium) octangulatum
●殻長5cm●北海道南部・佐渡島〜九州
●やや外海の浅海帯・砂泥底●普通
●現在ではかなり減少

殻口側で肋が弱く
なることもある

[広島]

肋は6−7本前後で、
少し太めで強い

殻口拡大
4.0倍

殻口は六角形など

❹ ヤカドツノガイ（ムカドツノガイ型）
Dentalium (Paradentalium) octangulatum
[*hexagonum* type]
●西日本に多いようである
●単に稜が少ないだけでなく、稜が強く堅固な感じ

[高知]

太く丸い肋が
全面にある

幼貝
[愛媛]

打上げなどでは
幼貝が得られる程度

殻頂拡大
4.0倍

❺ ニシキツノガイ
Pictodentalium formosum
●殻長8cm●紀伊半島〜沖縄
●外海の浅海帯・砂礫底●やや稀産
●打上がる場所は極めて限定される

殻口は
円形

[福岡]

肋は殻の中央部に
まで存在する

細かい肋が
密にある

殻は❸より細く、
殻口は円形

❻ ヒメナガツノガイ
Graptacme buccinula
●殻長3cm●三陸・佐渡島〜九州
●やや外海の浅海帯・砂泥底
●やや少産●海砂には稀ではない

123

サケツノガイ科

Fustiariidae

［和歌山］
1.0倍

2.0倍

溝拡大

細く長い溝がある

表面に肋はなく平滑で光沢があり、半透明

殻は細く殻口は円形

❶ **サケツノガイ**
Fustiaria nipponica
●殻長3cm ●茨城・富山湾〜沖縄
●外海の浅海帯・砂泥底 ●やや少産

ヒゲツノガイ科

Pulsellidae

［石川］

❸と異なり殻頂部に切れ込みなどはない

頂部拡大
10.0倍

殻表に彫刻はなく平滑

殻が微小で殻口は円形、ゆるく曲がる

❷ **ヒゲツノガイ** *Pulsellum hige*
●殻長8mm ●北海道南部〜本州両岸〜九州
●やや外海の浅海帯・砂泥底 ●やや稀産
●打上げで得られた微小なツノガイは本種の可能性が高い

クチキレツノガイ科

Gadilidae

［愛媛］

❷と異なり殻頂部は大きく切れ込む

頂部拡大
10.0倍

殻は細く、殻口は円形で少し径が小さくなる

❸ **フタマタツノガイ** *Dischides belcheri*
●殻長8mm ●房総半島・兵庫〜沖縄
●やや外海の浅海帯・砂泥底 ●やや稀産
●打上げや海砂で他のクチキレツノガイ科の種が得られることはまずない

コラム 保存用ラベルの作り方

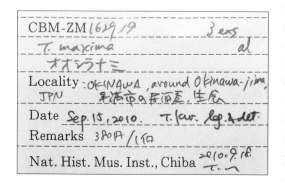

標本を保存する時には、必ず「県名を含めた採集地」「採集年月日」「採集者」を書いたラベルを入れておく。さらに、採集状況（打上／網干場等）・同時に得られた種・食用販売の名称と値段・標本販売者名・同定者とその日付等もメモされていると、後世の科学的資料としての重要性が高まる。自分の採集品の場合、ラベルを見ることで採集時の状況を思い出すことができるほか、次の採集に対する時期や生息環境の情報として活用できる。もちろん、"思い出の品"としても有効である。

さくいん

■資料提供にご協力いただいた方々（五十音順・敬称略）

朝田正／天野誠／池辺進一／石川裕／大垣俊一／大作晃一／大須賀健／大矢進三／岡本正豊／賀久基紀／川名興／
栗林利明／坂上澄夫／坂下泰典／佐々木猛智／品川和久／志村茂／庄山卓彌／杉村智幸／鈴木慈規／鈴間愛作／
高橋清美／谷口優子／土田英治／都築章二／成毛光之／西平守孝／西村和久／二宮泰三／濱村陽一／菱田忠義／
藤原昌高／風呂田利夫／松本一夫／宮内敏哉／御巫由紀／三井一郎／山本充弘／好本精／和田隆治／渡辺富夫
千葉県立中央博物館

■助言（五十音順・敬称略）

金子壽衛男／菊池典男／山本虎夫

■参考文献

吉良哲明. 1959. 原色日本貝類図鑑. 増補改訂版. xiv + 239 pp. + 71 pls. 保育社.
波部忠重. 1961. 続原色日本貝類図鑑. xiv + 183 + 42 pp. + 66 pls. 保育社.
波部忠重／小菅貞男. 1967. 標準原色図鑑全集. 3. 貝. xviii + 223 pp. + 64 pls. 保育社.
奥谷喬司（編著）. 2017. 日本近海産貝類図鑑［第二版］. 1375 pp. 東海大学出版部.
岡山県野生動植物調査検討会（編）. 2019. 岡山県野生生物目録2019.ver. 1. 1. 岡山県環境文化部自然環境課.
The title of this book : Shells of Warm-Temperate Region of Japan. Kurozumi, T. & Osaku, K. 2021. Yama-Kei Publishers Co., Ltd. Tokyo.

文

黒住 耐二
くろずみ たいじ

1959年京都府生まれ。千葉県立中央博物館所属。専門は貝類学で、現生・貝塚・化石等、時代や生息環境にかかわらず貝殻に名前を付けて、何か面白いことはないかと日々考えている。著書に『東京湾巨大貝塚の時代と社会』（雄山閣：分担執筆）、『文明の盛衰と環境変動』（岩波書店：分担執筆）、『日本近産産貝類図鑑 ［第二版］』（東海大学出版部：分担執筆）、『日本と世界のタカラガイ』（誠文堂新光社：解説）など。

写真

大作 晃一
おおさく こういち

1963年千葉県生まれ。自然写真家。きのこや植物などを被写体として美しい自然写真を撮影している。被写体全面にピントがあった深度合成と呼ばれる撮影を行い、本書にも用いられている。著書に『小学館の図鑑NEO 花』（小学館）、『くらべてわかるきのこ』『美しき雑草の花図鑑』（山と溪谷社）など多数。

装幀・本文レイアウト──ニシ工芸㈱（西山克之）
編集─────────平野健太・神谷有二・白須賀奈菜

くらべてわかる貝殻

2021年10月5日 初版第1刷発行
2024年1月25日 初版第2刷発行

文	──黒住耐二
写真	──大作晃一
発行人	──川崎深雪
発行所	──株式会社 山と溪谷社
	〒101-0051東京都千代田区神田神保町1丁目105番地
	https：//www.yamakei.co.jp/
印刷・製本	──図書印刷株式会社

●乱丁・落丁、及び内容に関するお問合せ先
山と溪谷社自動応答サービス　TEL. 03-6744-1900
受付時間／11：00-16：00（土日、祝日を除く）
メールもご利用ください。
【乱丁・落丁】service@yamakei.co.jp
【内容】info@yamakei.co.jp
●書店・取次様からのご注文先
山と溪谷社受注センター　TEL. 048-458-3455 FAX. 048-421-0513
●書店・取次様からのご注文以外のお問合せ先
eigyo@yamakei.co.jp

＊定価はカバーに表示してあります。
＊乱丁・落丁などの不良品は送料小社負担でお取り替えいたします。
＊本書の一部あるいは全部を無断で複写・転写することは著作権者および発行所の権利の侵害となります。

ISBN978-4-635-06356-2